Design

现代包装设计视觉艺术

XIANDAI BAOZHUANG SHEJI SHIJUE YISHU

徐丽 主编

化学工业出版社

·北京·

本书共分为八章，具体内容如下：第一章讲述了现代包装设计的概论，包装的起源与发展，包装的功能和分类，包装设计和包装的视觉传达设计；第二章讲解了包装传达设计流程，讲解了产品包装的调研和分析，定位和构思，表现和形式，制作和规范；第三章讲述了包装视觉传达设计的构图，讲解了构图元素，构图原则，构图的骨架形式；第四章讲解了包装设计的造型，包装设计的容器造型，包装设计的纸盒造型；第五章讲解了包装设计的材料和印刷工艺，包装与材料，包装与印刷工艺，包装装潢设计，工厂包装机构的流程；第六章讲解系列化包装的视觉设计，系列化包装的理念，系列化包装的视觉传达设计形式；第七章讲述了绿色包装设计，绿色包装的理念，绿色包装的材料，绿色包装设计；第八章为作品赏析。

图书在版编目（CIP）数据

现代包装设计视觉艺术/徐丽主编. —北京：化学工业出版社，2011.11

ISBN 978-7-122-12248-3

Ⅰ.现… Ⅱ.徐… Ⅲ.包装设计 Ⅳ.TB482

中国版本图书馆CIP数据核字（2011）第182688号

责任编辑：张　彦　张林爽　　　　装帧设计：王晓宇
责任校对：吴　静

出版发行：化学工业出版社（北京市东城区青年湖南街13号　邮政编码 100011）
印　　装：北京画中画印刷有限公司
787mm×1092mm　1/16　印张8　字数172千字　　2012年2月北京第1版第1次印刷

购书咨询：010-64518888（传真：010-64519686）　售后服务：010-64518899
网　　址：http://www.cip.com.cn
凡购买本书，如有缺损质量问题，本社销售中心负责调换。

定　　价：48.00元

前言

包装是伴随商品流通出现而产生的，是现代商品不可缺少的构成部分，融合在各类商品的开发设计和生产之中。现代包装设计作为一个整体的系统工程，涵盖了防护技术、视觉设计、商业营销等诸多方面。可以说，包装设计是一门多种学科交叉的专业，理论涉及的面非常广。

经济迅速发展的今天，越来越多的商品充斥市场，产品竞争越来越强，产品包装就需要在短时间内给消费者一个很强的视觉冲击，以促进购买。包装的重要性被越来越多的商家所认识，本人在这种情况下策划编著了本书。本书讲述了包装设计的概论，包装视觉传达设计流程，包装视觉传达设计的构图，包装设计的造型，包装设计的材料和印刷工艺，系统化包装的视觉设计，绿色包装设计等相关内容。

本书由徐丽主编，具体分工如下：第一章、第二章和第三章由徐丽编写，第四章由韩月香编写，第五章由吴丹编写，第六章、第七章、第八章由李佳轩编写。另外，王雪峰、刘俊红、刘茜、张丹、张业也在本书的编写过程中做了大量的工作，在此表示感谢。由于图书内容原因，书中引用了一些图片，但由于条件所限，未能与原著作权人一一联系，在此向原作者一并表示衷心的感谢！另外在编写本书的时候还参考了于静编著的《现代包装设计》，在此表示感谢。

由于水平有限，书中难免会有不足之处，请多提宝贵的意见。

来信请寄email：skyxuli888@sina.com

编者

2011年12月

目录 CONTENTS

第一章　概　论

第二章　包装视觉传达设计的流程

目录 CONTENTS

第三章　包装视觉传达设计的构图

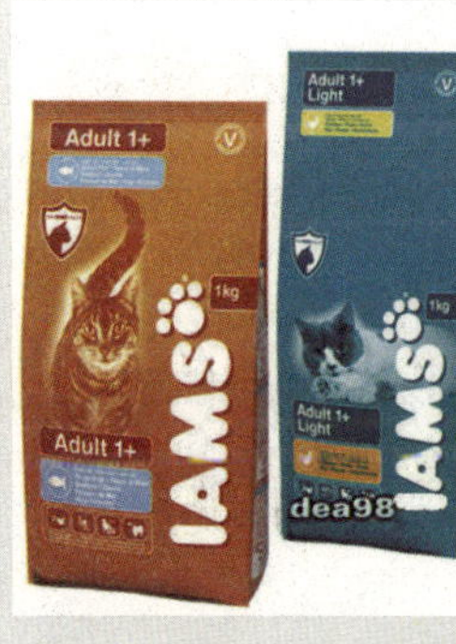

第四章　包装设计的造型

CONTENTS 目录

第五章 包装设计的材料和印刷工艺

第六章 系列化包装的视觉设计

目录

CONTENTS

emily's

Rebel Green
№001

BIRD
SQUIRREL
ELEPHANT

Kre&Ko.
PopCorn
CHEESE

BARE BRONZE

Snap Vanilla & Chocolate
Snap Strawberry & Vanilla
Snap Double Chocolate
Snap Vanilla & Chocolate
Snap Strawberry & Vanilla
Snap Double Chocolate
Snap Vanilla & Chocolate
Snap Strawberry & Vanilla
Snap Double Chocolate
Snap Vanilla & Chocolate
Snap Strawberry & Vanilla
Snap Double Chocolate
Snap Vanilla & Chocolate
Snap Strawberry & Vanilla
Snap Double Chocolate
Snap Vanilla & Chocolate
Snap Strawberry & Vanilla
Snap Double Chocolate
Snap Vanilla & Chocolate
Snap Strawberry & Vanilla
Snap Double Chocolate
Snap Vanilla & Chocolate
Snap Strawberry & Vanilla
Snap Double Chocolate
Snap Vanilla & Chocolate
Snap Strawberry & Vanilla
Snap Double Chocolate

第一章
概论

第一节 包装的起源与发展

第二节 包装的功能和分类

第三节 包装设计和包装视觉传达设计

Chapter 1

包装是伴随着商品交换而出现和发展的，是为了商品在流通中更好地存储、运输和销售而做的技术和艺术上的准备工作。随着商品经济的发展，包装的内涵已经从最初的保护商品、方便运输拓展到了推销商品、塑造品牌乃至树立企业形象的范畴。现代的包装不仅仅代表了一个承载商品的容器，更代表的是一种引导消费的手段，一种生活方式，一种文化价值的取向。相应的，包装设计的重心也从物质功能设计向审美的精神功能转移，鉴于此，能够从审美信息心理角度解决包装精神功能问题的视觉传达设计就显得愈发重要。本书内容就是围绕包装整体设计中的最关键环节——包装的视觉传达设计展开。

第一节 包装的起源与发展

包装的最早雏形来源于人类为储备剩余的生活物资而生产的容器，这些容器直接取材于自然材料，例如葫芦、椰壳，藤、草编织的筐篓，泥土烧成的器皿等。严格意义上讲，这些容器还不能称之为包装，它们仅仅实现了保护性的功能，只是包装的最原始形态，但这些容器对后期真正包装的产生起到促进的作用（图1–1 ~图1–5）。

图1–1

图1–2

图1–3

图1–4

图1–5

当人类社会出现商品交换以后，面向商品流通的包装出现了。我国产品包装有历史记载的最早年代是战国时期，在《韩非子·外储》篇上记载了“买椟还珠”的故事，其中的“椟”就是一种装饰华丽的包装。在唐代的长安、宋代的汴梁、元代的大都、明代的南京、清代的北京，诸如此类商贾云集的都市，都存在着大量的形态各异、丰富多彩的包装，这些可以在传世的《清明上河图》、《货郎图》、《皇都积胜图》等风俗画卷中得到证实（图1-6～图1-8）。在欧洲的18世纪中叶，对高档货物的包装也已成规模，1860年，美国人艾默生的《生活指南》，一书中对此进行了描述。

图1-6

图1-7

图1-8

尽管此时的包装形式多样，但这些包装大多围绕着存储和运输等问题展开，包装美化外表、促进销售的功能并未充分体现。一直到19世纪后半叶，厂家包装的出现和普及，才真正出现现代意义上的商业包装。在厂家包装中，纸盒替代了杂货商的包装纸和纸绳。在英国，大规模的纸盒生产在19世纪50年代末已经出现，罗宾逊公司就已经可以生产300多种不同种类的盒子。带螺口瓶塞的玻璃瓶和铁皮盒子也被大量生产和使用。与此同时，随着彩色印刷的广泛推广，更促进了包装的发展，尤其是烈性酒、香烟、调味剂、化妆品和药品的包装设计，许多世界驰名的品牌都出现在这一时期。总体而言，19世纪的设计师遵从维多利亚时期（the Victoria Era）的典型风格。除了药品包装外，大多商品的包装视觉设计是豪华瑰丽、色彩斑斓和技法烦琐的，非常具有装饰性。这种视觉设计上的烦琐装饰是与当时长期和平发展和社会繁荣密不可分的。很显然，这种强大的视觉冲击力是诱发购物欲的前提，这一点为日后包装视觉传达设计的发展提供了借鉴（图1-9～图1-12）。

19世纪末到20世纪前半叶，英国出现了商标法来保障商品的可信性，厂家的品牌意识增强，包装贴上了商标，附上了质量保证和产品说明，用包装来说服顾客，吸引顾客购买。在技术领域，包装机械问世，机械代替了手工，极大地提高了包装效率；可以卷折的金属软管被广泛应用到装载绘画颜料和牙膏上；真空铁皮盒、铝制容器的开发取得突破；出现了开启包装的新方法——拉锁；新型包装材料铝箔、玻璃纸和蜡纸盒也相继问世。品牌意识的出现以及包装材料的创新发展，对包装风格的要求是：包装需要一个鲜艳夺目、令人兴奋的形象，要给予顾客一种亲切、整洁、新鲜的感觉。这个时代包装设计一扫烦琐矫饰的维多利亚时期风格，装饰上推崇自然主义，特别是花卉纹样、卷草纹样和动物纹样的大量使用。这一时期包装设计较少运用直线，主要以有机曲线为主，色彩艳丽、明快。当然，这种包装的设计风格也是和当时欧美的形式主义运动——新艺术运动（Art Nouveau）有着很大关联（图1-13 ~ 图1-16）。尤其到了20世纪20年代以后，更清晰更洁净的艺术加工风格（Art Deio）出现，配以鲜明色彩的几何图形的使用，大大改进了早期包装设计过于讲究和过分装饰的风格（图1-17 ~ 图1-23）。

图1-9

图1-10

图1-11

图1-12

图1-13

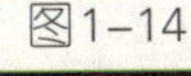

图1-14

图1-15

图1-16

图1-17

图1-18

图1-19

图1-20

图1-21

图1-22

图1-23

图1-24

20世纪30～40年代，欧洲经历了世界大战，由于战争的影响，产品的过度包装被摒弃，包装设计往往被限定为一个符号，颜色单调，包装又回到了其最根本的使用功能。

20世纪50年代战争结束，商品经济到了一个飞速发展的时期，新包装材料诸如聚乙烯薄膜、塑料瓶、不干胶、易拉罐等被大量使用；电视、电冰箱、洗衣机各种家用电器也开始进入人们的生活。大工业生产带来的物质丰富，使得消费社会形成，也使得设计成为人们日常生活的一个组成部分。此时，国际主义设计（International Typographic Style）成为欧美的主要设计风格，国际主义设计具有形式简单、反装饰性、强调功能性、系统性和理性化特点。包装视觉设计采用国际主义设计的一个很重要的原因是：自选商场的大规模出现，自选时代的到来。由于是顾客自己识别商品，所以，包装视觉设计的重点转变为在同质化商品中快速识别。货架上的竞争要求设计必须强调品牌的颜色、主题和中心文字，必须使商品更加醒目，能够脱颖而出，而且容易记忆。国际主义设计构图简单明快、高度功能化、精确传达的特点恰好符合自选时代包装简洁、醒目的要求（图1-24～图1-36）。

图1-25

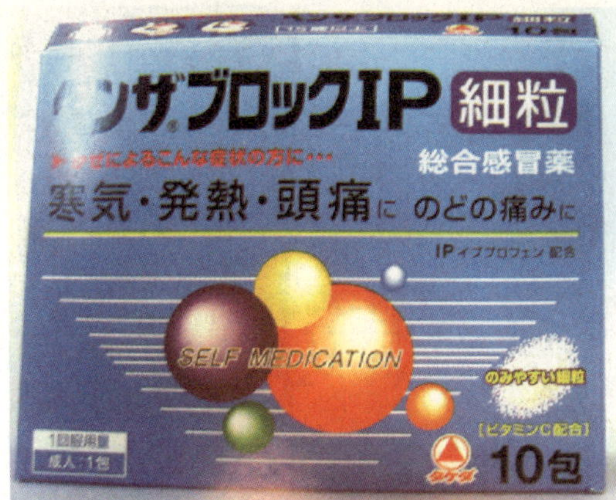

图1-26

图1-27

图1-28

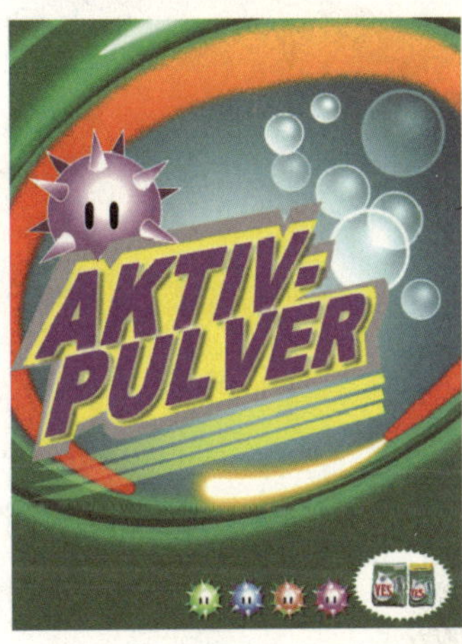

图1-29

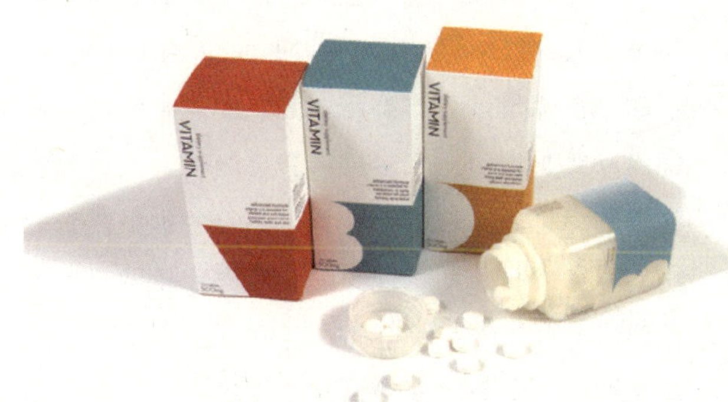

图1-30

图1-31

图1-32

图1-33

图1-34

图1-35

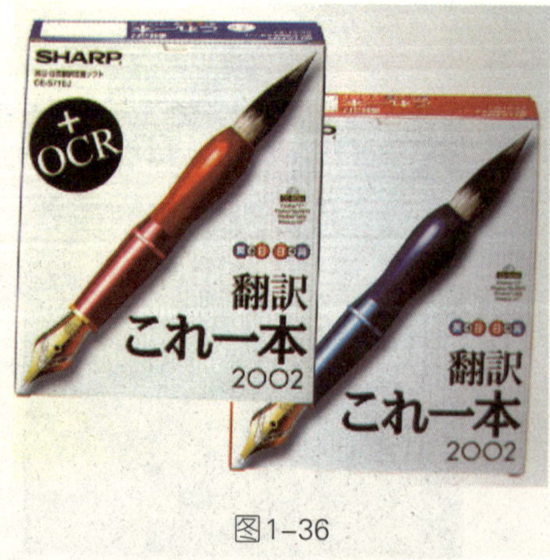

图1-36

如果说20世纪60年代是商品力的一轴时代，70年代是商品力与销售力的二轴时代的话，那么到了80 ~ 90年代，社会已经进入了商品力、销售力与形象力的三轴时代。在这个时期，物质空前丰富，一次性用品增多，新型材料的快速研制并投入使用使产品更加廉价，大量的消费品促使人们更加重视商品的促销，对包装设计有了巨大的市场需求。企业的形象力在包装设计中得到注重，品牌意识进一步加强，系列化产品包装成为企业包装的主流行为。与此同时，消费者追求具有个性的、富有人情和倾注情感的包装设计，国际主义设计刻板单调的风格已经显得跟不上时代（图1-37 ~ 图1-48）。

图1-37

图1-39

图1-38

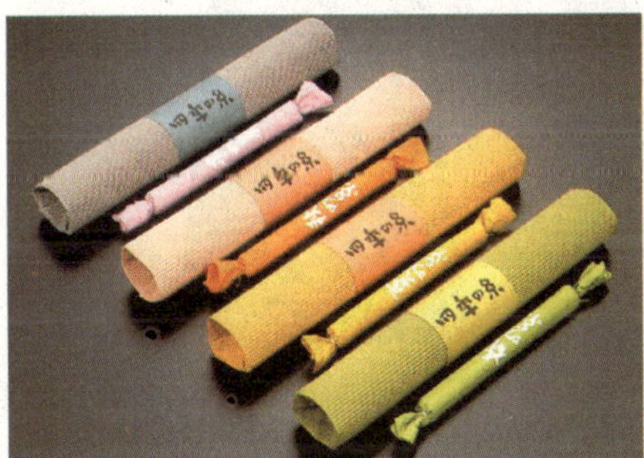

图1-40

图1-42

图1-41

图1-43

图1-44

图1-45

图1-46

图1-47

图1-48

图1-49

进入21世纪，人们除了更多追求个性化设计以外，环境保护意识也大大加强。在一浪高过一浪的环保大潮的推动下，崇尚自然、原始、健康的观念深入人心。作为现代产业链中重要的环节，包装显然也会遵循这样的战略发展，由此衍生出了“绿色包装”（Green Package）概念。这就要求设计师要以一种更为负责的态度和方法去创造产品的形态，用更简洁、持久的造型使产品尽可能地延长其使用寿命，同时传达绿色、人文的精神理念（图1-49 ~图1-52）。

图1-50

图1-51

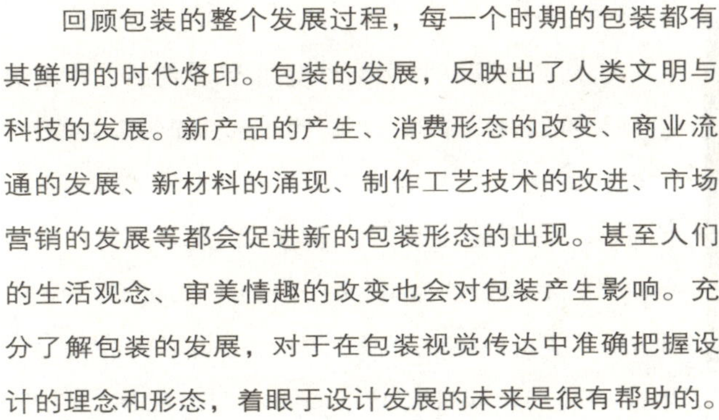

回顾包装的整个发展过程，每一个时期的包装都有其鲜明的时代烙印。包装的发展，反映出了人类文明与科技的发展。新产品的产生、消费形态的改变、商业流通的发展、新材料的涌现、制作工艺技术的改进、市场营销的发展等都会促进新的包装形态的出现。甚至人们的生活观念、审美情趣的改变也会对包装产生影响。充分了解包装的发展，对于在包装视觉传达中准确把握设计的理念和形态，着眼于设计发展的未来是很有帮助的。

图1-52

第二节 包装的功能和分类

一、包装的功能

从字面上讲，“包装”一词是并列结构，“包”即装饰，意思是把物品包裹、装饰起来。从设计角度上讲，“包”是用一定的材料把东西裹起来，其根本目的是使东西不易受损，方便运输，这是实用技术的范畴，是属于物质的概念；“装”指事物的修饰点缀。这是指把包装好的东西用不同的手法进行美化装饰，使包裹在外表看上去更漂亮，这是美学范畴，是属于文化的概念。因此说，“包装”应该是将物质和文化两种概念合理有效地融为一体。

我国在《包装通用性术语及其定义》(GB/T 4122.1—1996) 中将包装定义为：在流通过程中为保护产品，方便储运，促进销售，按一定技术方法而采用的容器、材料及辅助物等的总体名称，也指为了达到上述目的而采用容器、材料和辅助物的过程中施加一定技术方法等的操作活动。

图1-53

英国规格协会对包装的定义是：为货物的存储、运输、销售而做的技术、科学、艺术的准备活动。

美国包装协会对包装的定义是：使用适当的材料、容器，配合适当的技术，使其能让产品安全地达到目的地，并以最低的成本，为商品的运输、存储和销售而实施的准备活动。

通过对包装的解释和定义，并结合包装发展的历史分析，可以将包装的功能分为三个层次：物理功能、生理功能和心理功能。

图1-54

1.物理功能

包装的物理功能主要体现在保护商品上，这也是包装的最根本的功能。一件商品，要经多次流通，才能走进商场或其他场所，最终到达消费者手中，这期间，需要经过装卸、运输、库存、陈列、销售等环节。在储运过程中，很多外因，如撞击、潮湿、光线、气体、细菌等因素，都会威胁到商品的安全，因此包装必须保证商品不受各种外力损伤。另外，便于运输装卸、便于仓储陈列、便于生产加工、便于包装废弃物的回收处理也是包装物理功能的重要体现方面。在物理功能这一层面，包装是包裹、捆扎、容装物品的手段和工具，也是一种操作活动。科学、牢固的保护功能是对物理功能的基本要求，它将起到无声卫士的作用；经济和方便的便利功能是对物理功能的附加要求，它将起到无声助手的作用（图1-53 ~图1-55）。

图1-55

2.生理功能

包装的生理功能主要体现在对使用者的安全和便利上，优秀的包装应该是符合人体工学的结构，方便消费者开启、收藏、携带和使用，同时包装的设计对使用者应该是觉得安全的。包装的生理功能还体现在商品的易辨识性和品牌的易记性方面，包装中运用的颜色、主题和中心文字，可以使商品更加醒目，容易脱颖而出，一个好的包装作品，应该以“人”为本，站在消费者的角度考虑，这样会拉近商品与消费者之间的关系，增加消费者的购买欲和对商品的信任度，也促进消费者与企业之间沟通。相对于基础的物理功能，生理功能是包装的第二个层次，都属于产品的基本要求（图1-56、图1-57）。

图1-56

图1-57

3. 心理功能

包装在满足产品的基本要求（安全、便利）之后，其重要性更多体现在心理功能上。现代包装一个最为重要的目的就是促进销售，面对同质化商品竞争激烈的形势，包装功能更要侧重于销售功能及品牌形象的提升。如何让产品得以畅销，如何让产品从琳琅满目的货架中跳出，包装不仅要给产品一件既安全又漂亮的外衣，更需要给予消费者视觉愉悦以及超值的心理享受。只有给产品赋予人性化的个性特征，满足消费者精神功能上的需求，才能达到“包装是沉默的商品推销员”的境界。包装的心理功能还体现在对企业文化形象、产品品牌内涵的增强；对企业精神和文化精髓的反映。如果说包装的物理和生理功能是自然功能层面，那么包装的心理功能更多地体现在精神层面上。随着商品经济发展，包装将不仅仅是一个漂亮的容器，而是一种新的生活方式，一种新的文化趋向。如何更好地实现包装的心理功能将带动包装视觉传达设计的发展，并加快其前进步伐（图1-58～图1-65）。

图1-58

图1-59

图1-60

图1-61

图1-62

图1-63

图1-64

图1-65

二、包装的分类

现代包装的分类可以从不同角度进行，如产品内容、产品形状，包装材料、包装技术、包装形状、包装风格等。

1.按产品内容分类

包括日用品类、食品类、烟酒类、化妆品类、医药类、文体用品类、工艺品类、化学品类、五金家电类、纺织品类、儿童玩具类、土特产类等（图1-66～图1-75）。

图1-66

图1-67

图1-68

图1-69

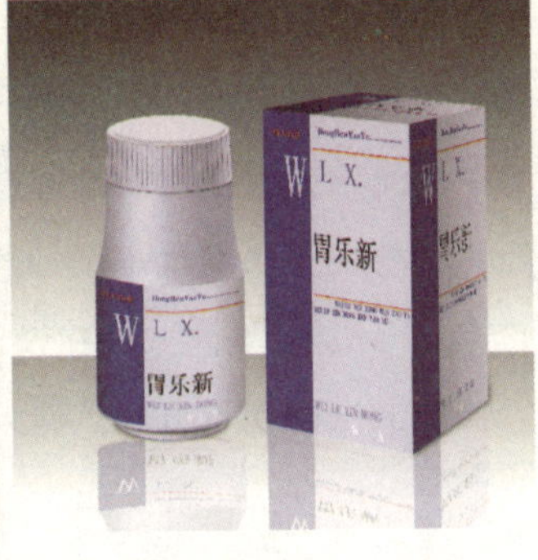

图1-70

图1-71

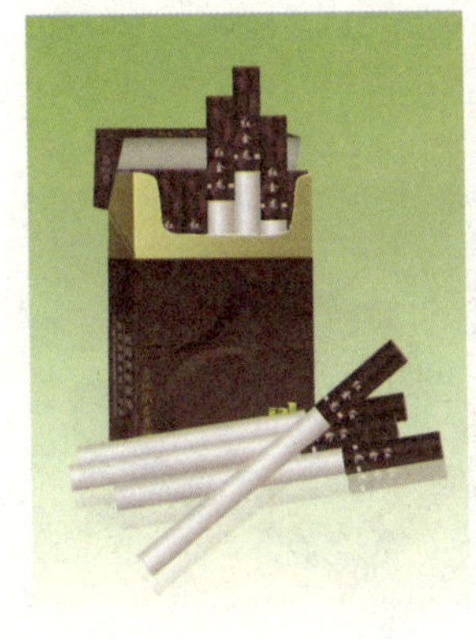

图1-72

图1-73

图1-74

图1-75

2. 按产品性质分类

包括销售包装、储运包装、特殊用品包装。

销售包装又称商业包装，直接面向消费者，可分为内销包装、外销包装、礼品包装、经济包装等。

储运包装，也就是以商品的储存或运输为目的的包装，主要在厂家与分销商、卖场之间流通，便于产品的搬运与计数。

特殊用品包装如军需用品包装。

3. 按包装材料分类

不同的商品，考虑到它的运输过程与展示效果等，所以使用材料也不尽相同。如纸包装、金属包装、玻璃包装、木包装、陶瓷包装、塑料包装、棉麻包装、布包装等。

4. 按包装技术分类

包括防水包装、缓冲包装、真空包装、压缩包装、通风包装等。

5. 按包装形状分类

包括个包装、中包装、大包装。

个包装也称内包装或小包装。它是与产品最亲密接触的包装，它是产品走向市场的第一道保护层。个包装一般都陈列在商场或超市的货架上，最终连产品一起卖给消费者。

中包装主要是为了增强对商品的保护、便于计数而对商品进行组装或套装。

大包装也称外包装、运输包装，因为它的主要作用也是增加商品在运输中的安全性，且又便于装卸与计数。大包装的设计相对个包装也较简单，一般在设计时也就是标明产品的型号、规格、尺寸、颜色、数量、出厂日期，再加上一些视觉符号，诸如小心轻放、防潮、防火、堆压极限、有毒等等。

6.按包装风格分类

包括传统包装、怀旧包装、情调包装、卡通包装等（图1-76～图1-83）。

图1-76　麻布包装

图1-77　压缩包装

图1-78　缓冲包装

图1-79　真空食品纯铝袋

图1-80　卡通包装

图1-81

图1-82

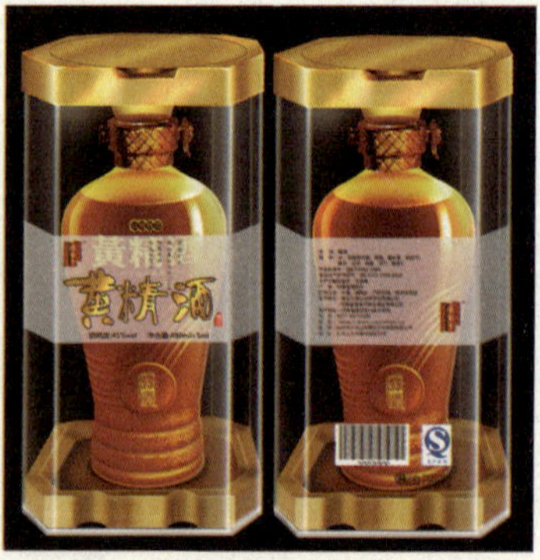

图1-83

第三节 包装设计和包装视觉传达设计

一、包装设计

包装一方面是利用各种技术达到保护产品、减少损耗、方便储运、利于使用的目的；另一方面，包装是宣传商品、树立品牌、传播文化的有力媒介。由此可知，包装设计的目标是：解决商品在流通消费中的物质保护功能和审美与信息功能优化结合问题。因此，包装设计具有设计上的多元性，是整体的系统统化设计。

因为要考虑对产品的保护，所以要研究包装的结构，来解决冲撞、振动、挤压、磕碰等问题；还要研究包装的材料，来解决高低温、潮湿、干燥、细菌、化学反应对产品的伤害问题；因为要方便运输，所以要计算包装的尺寸、体积、重量，解决码放的合理性；因为要方便使用，要研究包装的人体工学结构，研究包装的造型；因为要达到产品的促销功能，所以要研究包装的形态、视觉形象、审美心理、制作工艺；因为要符合环保和节约成本，还要研究包装的经济学。以上诸多方面都是包装设计所要关注的内容，包装设计包含了防护设计、结构设计、材料设计、工艺设计、造型设计、视觉传达设计、附加物设计等方面（图1-84 ~ 图1-89）。

图1-84

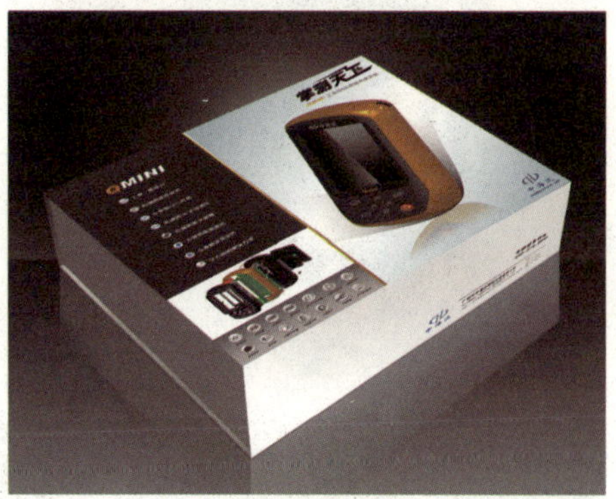

图1-85

图1-86

图1-87

图1-88

图1-89

在2004年6月，国家劳动和社会保障部在公布的国家新职业标准中，对包装设计师的职业定义为：在商品生产、流通领域，从事包装工艺设计、储运包装设计、销售包装设计的专业人员。明确包装设计师的职业工作范畴，包含了对物资和商品包装过程的工艺技术方法及其加工设备的设计；对各种物资与产品（含重型机械产品等）进入货物流通环节的运输包装设计；彩电、冰箱、配套餐具等大中型商品融运输包装与销售包装一体化的设计；同时，包装设计师还肩负着包装新材料与包装新技术的开发与应用设计，包装产品计算机辅助设计软件的研发与设计等。从中可以看到，包装设计是一门多种学科交叉的综合、系统、应用性专业（图1-90 ~图1-96）。

图1-90

图1-91

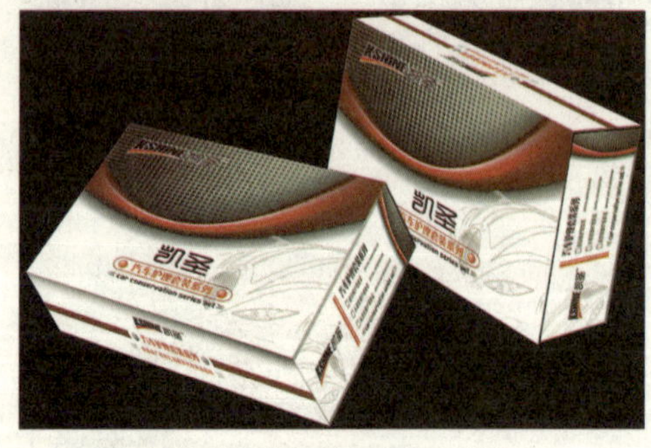

图1-92

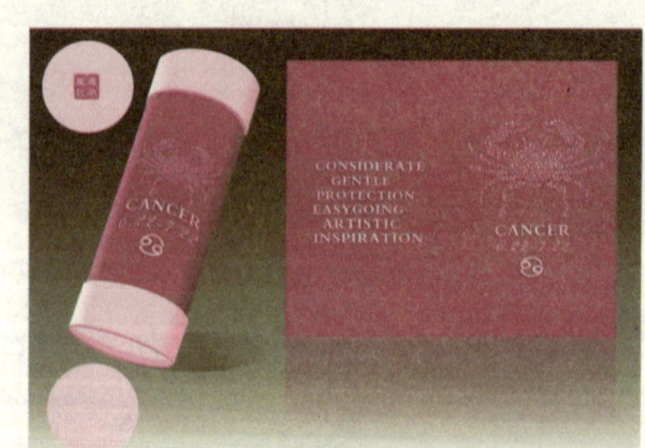

图1-93

图1-94

图1-95

图1-96

二、包装视觉传达设计

包装视觉传达设计的侧重点在于实现包装的心理功能，即起到美化商品、宣传商品、促进销售、树立品牌的作用。包装的视觉传达设计主要是通过运用文字、图形、色彩、标志等视觉构成元素，遵循构图规律，创造出有鲜明特色的产品包装形象，从而传递出文化品味和时代气息，继而完成对品牌的塑造。包装的视觉传达设计还包括能够体现包装外部形态的部分结构和造型的设计（图1-97 ~图1-108）。

图1-97

图1-98

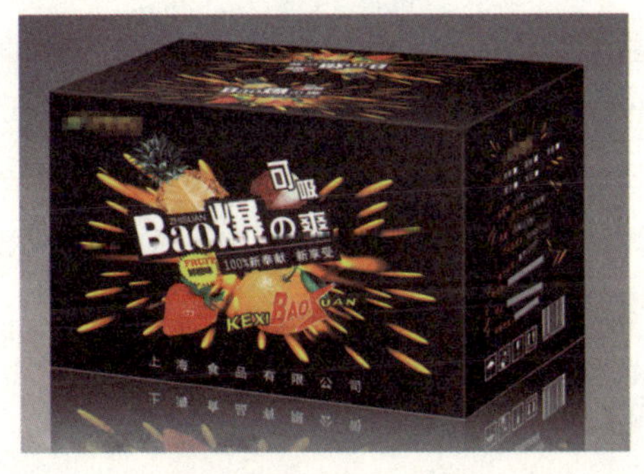

图1-99

图1-100

图1-101

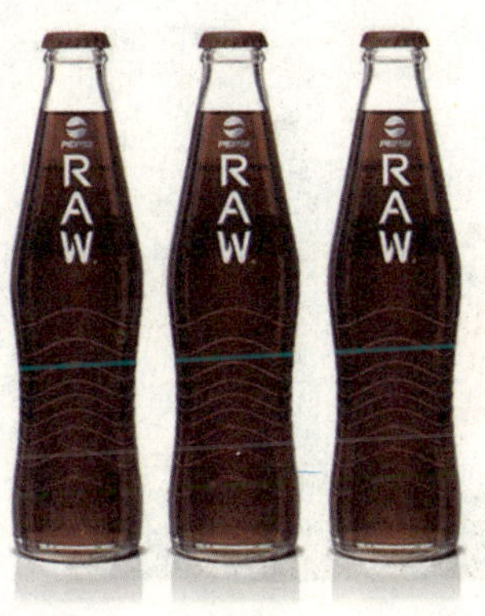

图1-102

图1-103

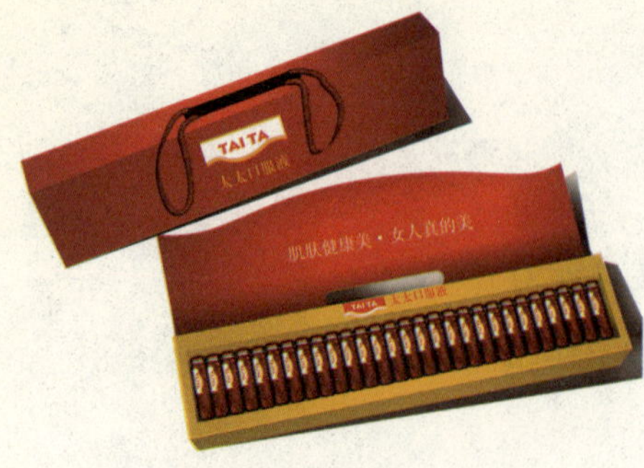

图1-104

图1-105

图1-106

图1-107

图1-108

三、二者的区别和联系

包装设计和包装视觉传达设计二者并非等同的关系。包装设计包含三大方面的设计任务：销售包装、运输包装和包装工艺设计。包装工艺设计主要是研究包装生产加工过程中的包装操作工艺技术方法及其设备的设计，绝非视觉传达设计所能解决的包装问题；运输包装设计中涉及到的缓冲固定的防震包装技术，以及防腐保鲜等技术也非视觉传达设计涉足的领域。包装视觉传达设计主要还是担负销售包装设计的责任，以视觉传达和审美艺术效果为出发点，以尽可能引人注意的视觉艺术表现手法传播特定的内容信息为目标，范围限定在美化、促销上。应该说，包装视觉传达设计只是包装设计的一个子集（图1-109 ~图1-118）。

图1-109

图1-110

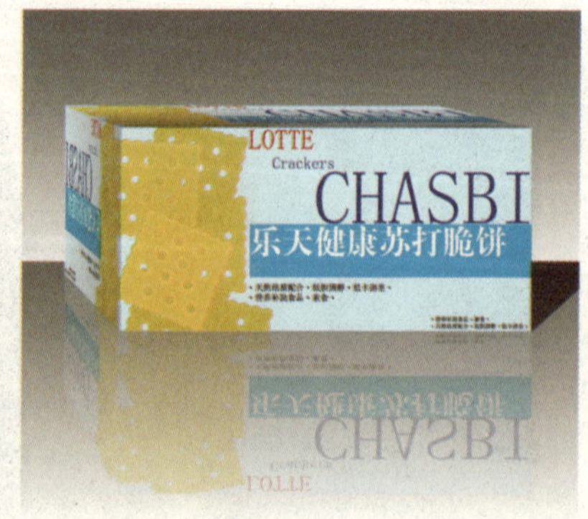

图1-111

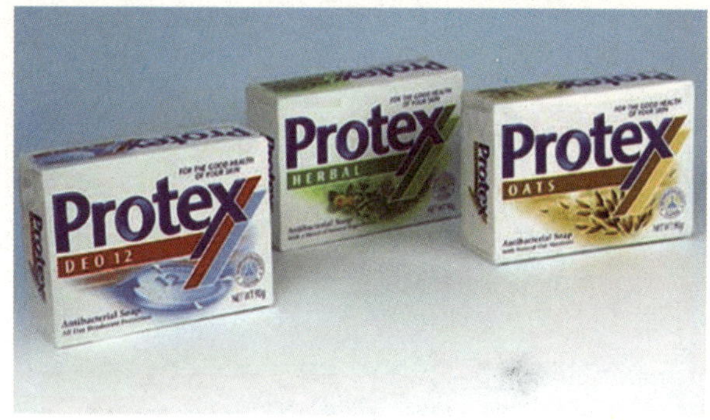

图1-112

图1-113

图1-114

图1-115

图1-116

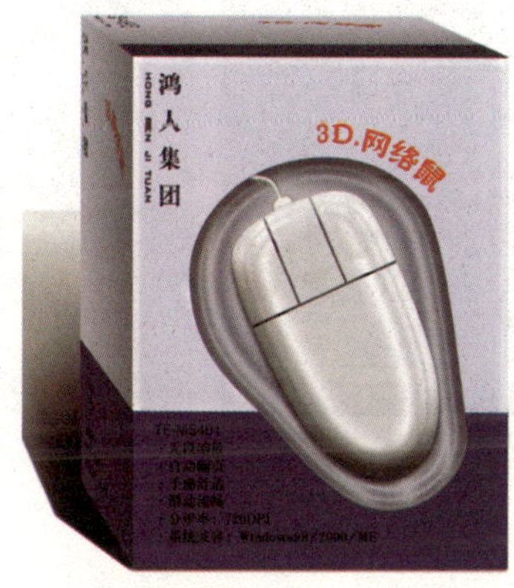

图1-117

图1-118

但随着包装心理功能的日趋增强，包装视觉传达设计作为包装整体设计的一个方面，变得越来越重要，视觉传达设计不再只局限于包装的画面设计，而是贯穿于包装设计的材料、造型、结构、构图的全过程。换言之，视觉传达设计涵盖了包装设计中所有审美（精神）层面的设计，包括视觉涉及到的造型与结构、材料与工艺部分（图1-119～图1-126）。

图1-119

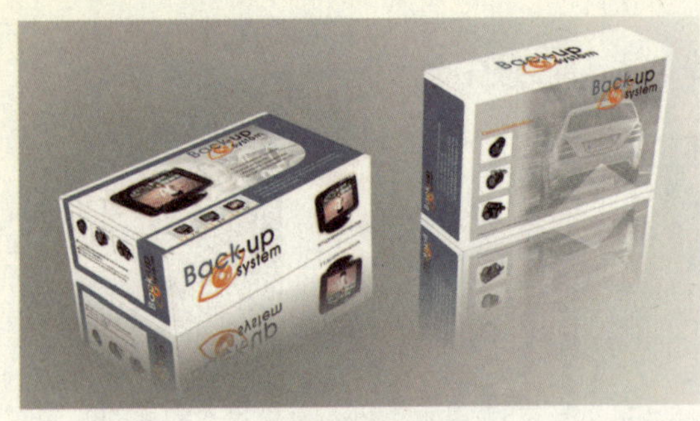

图1-120

图1-121

图1-122

图1-123

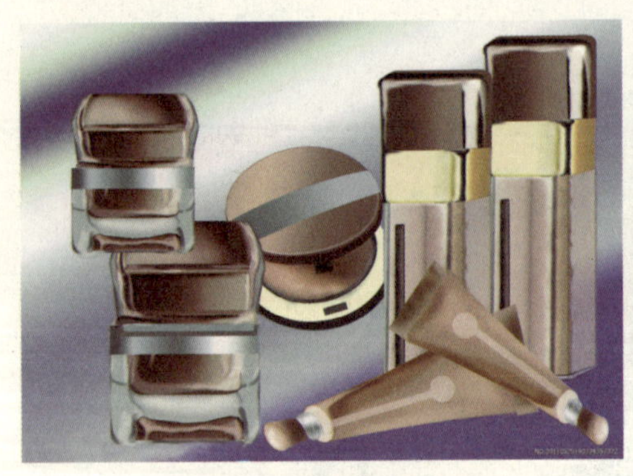

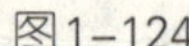

图1-124

图1-125

图1-126

四、本书重点内容

包装设计是一门多种学科交叉的专业，理论涉及面非常广，作为艺术类院校视觉传达（平面设计、装潢）专业的学生，重点还是关注包装的视觉传达设计方面，这也是本书着重讲述的内容。

第二章

包装视觉传达设计的流程

每一个完整的包装视觉传达设计的流程应该包括：设计准备阶段、设计展开阶段和设计制作阶段。其中设计准备阶段是对所要进行的包装从商品特点、品牌形象、消费者的心理需求和文化特质等进行定位，并经过策划和创意梳理出设计意图，从而完成设计的构思。设计展开阶段是通过科学的方法，运用各种技术手段进行艺术性的创造，通过具体的设计形式来表现内容，并传达出包装的文化品味。制作阶段是采用某些材料，配以合理的工艺完成设计，同时在进行包装设计时，还要遵守国家的法律、法规以及国际惯例。

第一节 调研和分析

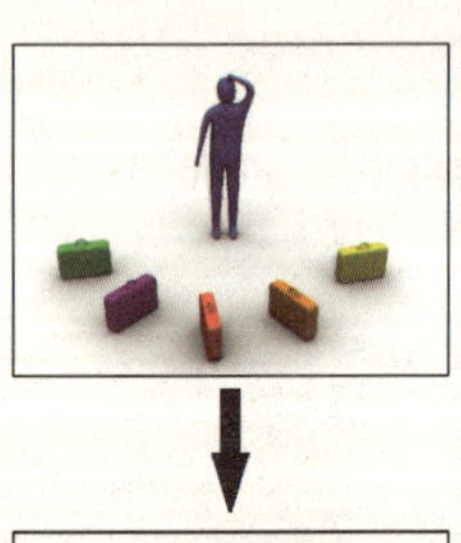

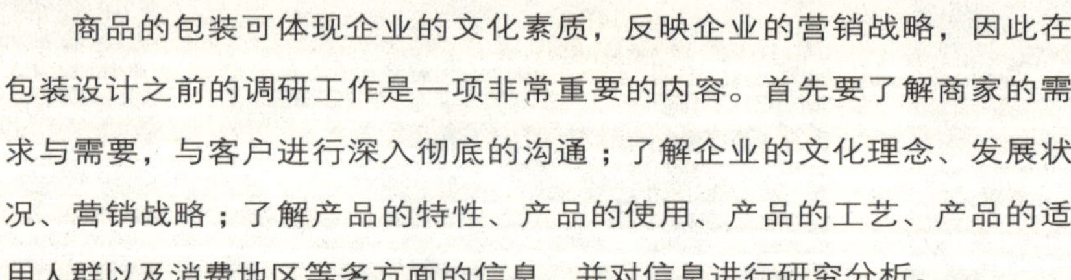

商品的包装可体现企业的文化素质，反映企业的营销战略，因此在包装设计之前的调研工作是一项非常重要的内容。首先要了解商家的需求与需要，与客户进行深入彻底的沟通；了解企业的文化理念、发展状况、营销战略；了解产品的特性、产品的使用、产品的工艺、产品的适用人群以及消费地区等多方面的信息，并对信息进行研究分析。

（1）从共性与个性两个方面了解产品自身与同行业产品包装的现状。

（2）详尽分析产品的性能、特点，并与同类产品比较它的优势在哪里。目的是检验本产品的优点、特色和不足。

（3）不同品牌的设计侧重点和货架的展示效果。

（4）消费者对产品的需求和意愿，注意及时反馈信息，争取达到供需的一致性。

（5）现有包装的可用材料及新型材料。

（6）可供设计创作的载体。

充分翔实的资料内容是设计定位的依据，因此设计之前的调研与分析对设计师而言是必不可少的内容。通过对市场、相关法规、制作材料、供应商与消费者等的调研、分析，了解包装的现状，从而引发设计的定位和构思。

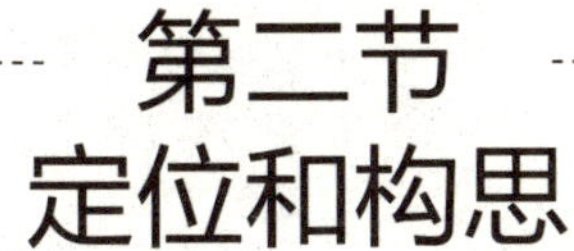

第二节 定位和构思

一、设计的定位

在市场竞争激烈的今天，任何一个企业都想使自己在竞争中占据优势，从而求得生存与发展。因此新产品的设计与开发就被视为企业的生命线，而对于新产品的包装设计就有着极其重要的作用。在设计活动中，定位实际上指确定设计元素的准确位置，随着时代的发展与诸多因素的影响，现在已经不能单纯地从形式角度去理解定位的含义。

1. 设计定位的文化观

设计文化的形成离不开文化的设计。包装设计不仅是设计一种产品，而是设计一种生活方式、一种文化。在物质极大丰富的今天，人们在追求物质满足的同时，更加渴望精神上的满足感，需要有一种具有文化品位的商品包装，它能够促使消费者产生一种情感上的共鸣。产品的文化定位来源于产品的文化风格，使用者的文化心理以及它们之间所体现出来的文化精神。所以，在进行包装设计时，不仅要考虑产品自身的使用、审美和销售功能，还要赋予产品一定的文化魅力。

2. 设计定位的产品观

产品定位表明了“我是什么”。在市场激烈竞争的环境下，通过产品定位能够使消费者清楚地了解产品的特点、应用范围和使用方法，可以从以下几个角度去考虑。

（1）厂家的性质、生产方法和设备、技术、生产规模等因素。

（2）产品的差异性，指不同厂家的产品在造型、色彩、功能、价格和质量等内在和外在的特点。

（3）该企业在同行业中的地位和竞争对手的情况。

3. 设计定位的商品观

在产品的商品化进程中，设计活动只能围绕市场而定位。包装设计的商品观，是指以市场需求为准绳展开分析，使设计目标清晰化，从而确定商品的定位。

（1）可从品牌、商标、价格等商品的属性考虑。

（2）商品的包装策略，如基本功能与货架效应。

（3）商品的销售渠道：一般情况下商品要经过厂家—代理商—批发商—零售商后才能到达消费者手中。

图2-1

图2-2

图2-3

图2-4

（4）销售场所和方式，是在柜台、橱窗、超市货架等。

（5）商品的陈列方式，是特定的销售点还是按厂家分开陈列，或按类别混在一起陈列。

4. 设计定位的消费观

产品包装的商品化不是设计的最终方向，而是为广大消费者提供称心如意的消费品，而这种消费品的好坏直接影响到以后的购买行为。包装设计定位的消费观是指从消费者角度出发，分析消费行为和特征，来确定包装的定位。

（1）消费对象，包括消费者的性别、年龄、身份、职业和文化程度等。

（2）消费者的经济状况。

（3）消费方式。

（4）消费地域，包括地理、气候、节日、社会习俗和宗教信仰等。

（5）消费行为，消费者的购买心理、生活方式、个性特点和喜好等。

总之，对于以上诸种定位设计观，均不能孤立地去考虑和运用，应在具体的设计实践中相互配合、呼应，这样才能完成有效的商品包装定位（图2-1 ~图2-6）。

图2-5

图2-6

二、设计的构思

形式的产生由内容所引发，一件设计作品总是存在着创造者与欣赏者两方面的联系。怎样激起欣赏者的视觉联想并朝着创造者设计的途径行进是创造者力求达到的目标。达到“对准顾客意识中心领域的诉求”，并对人们的智慧有所启迪，这就是包装的使用价值与美学价值的体现。

包装设计的内容构思可以从以下几点去考虑。

1.直接表现法

以直观、概括、夸张的形象作为画面的主体形象。多采用摄影的表现方法，这种手法比较容易让人接受，在实际中应用广泛。具体表现如下。

（1）突出商品的自身形象　画面主体为真实的或抽象的商品形象，尤其在食品行业应用广泛。这种方法比较直观、醒目、商品形象真实、生动，便于选购（图2-7～图2-12）。

图2-7

图2-8

图2-9

图2-10

图2-11

图2-12

（2）包装盒开窗的方式　这种方式能够直接向消费者展示商品的形象、色彩、品种、数量以及质地，使消费者从心理上产生对商品放心、信任的感觉。开窗的形式及部位可以多种多样，不拘一格（图2-13～图2-16）。

（3）透明包装的方式　就是采用透明包装材料（或与不透明包装材料相结合）对商品进行包装，便于向消费者直接展示商品，其效果及作用与开窗式包装基本相同（图2-17～图2-21）。

图2-13

图2-14

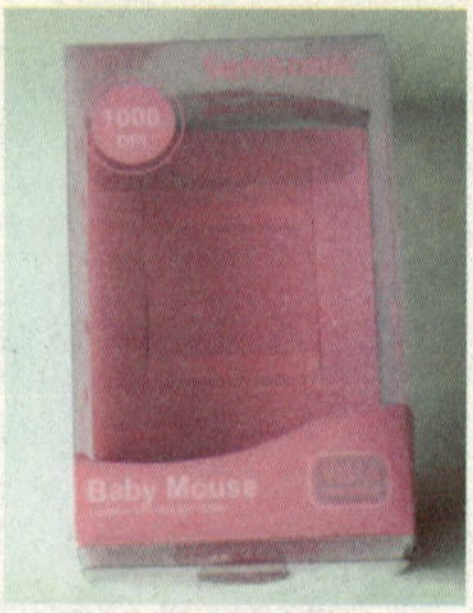

图2-15

图2-16

图2-17

图2-18

图2-19

图2-20

图2-21

2.间接表现法

画面自身不出现产品的形象，而借助与它相关的事物来比喻对象。

（1）突出产品的生产原料　以产品原料作为画面的主体形象，比如食品中的罐头、葡萄酒等。这种做法直接、易记，同时在形象上说明了产品原料的优良性，从而使消费者在心理上达到信任（图2-22～图2-27）。

图2-22

图2-23

图2-24

图2-25

图2-26

图2-27

（2）突出产品的产地　以产品的产地作为诉求点，给消费者一种“名门闺秀”之感。从而达到信任的目的。如图2-28～图2-37所示。

图2-28

图2-29

图2-30

图2-31

图2-32

图2-33

图2-34

图2-35

图2-36

图2-37

（3）突出产品的使用对象　以产品的使用对象作为画面的主体形象，如儿童用品包装中活泼可爱的儿童，女士用品中婀娜多姿的女性，男士用品中绅士帅气的男性，还有老人用品、宠物用品等等。此种表现手法比较有针对性，便于选购（图2-38 ～图2-42）。

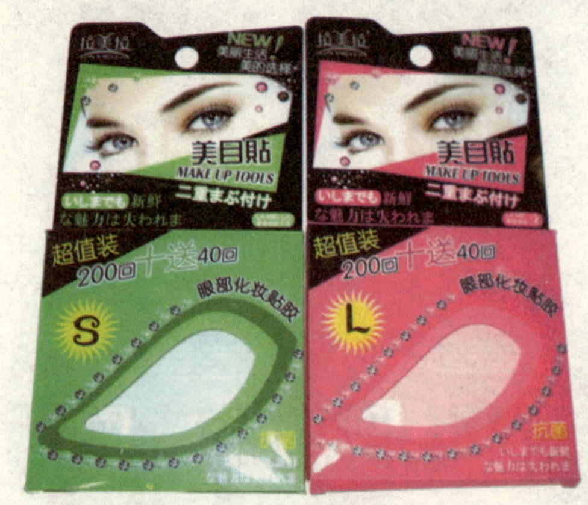

图2-38

图2-39

图2-40

图2-41

图2-42

（4）突出品牌形象　有些商品包装简洁，在画面中以极鲜明的标志或文字来装饰，十分注重品牌的效应。可能在包装中除了必要的产品信息之外，品牌形象作为画面的主体。这种方法形式感强，给人以严肃、高贵的视觉感受。如，CD、SK II 、ONLY等等。但如果处理不当会造成简单的感觉（图2-43 ～图2-48）。

图2-43

图2-44

图2-45

（5）突出产品的自身特点 这种方法主要用一些抽象图形表达产品的某种特性。如在洗涤用品包装上经常出现的波浪、旋涡、泡沫，它们从人的视觉经验出发，由画面使人产生联想，增强产品的美感（图2-49～图2-53）。

图2-46

图2-47

图2-48

图2-49

图2-50

图2-51

图2-52

（6）突出商品的特有色彩 这是经常用到的形象色表现方法。如橘子、咖啡、玫瑰等产品用其特有的色彩来设计包装（图2-54～图2-60）。

图2-53

图2-54

图2-55

图2-56

图2-57

图2-58

图2-59

图2-60

3. 意象表现法

透过精神，反映物质，这种方法比较含蓄。

（1）抽象文字与图案组合构成画面　用抽象的文字与图案营造一种产品的意境，图案本身可能与产品没有直接的联系，但它呈现出来的画面与所要表达的意思，却符合产品的气质。这种表达方式形式感强，比较含蓄，但回味深远。如药品包装，不能用具体的形象来表现（图2-61～图2-63）。

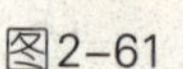
图2-61

图2-62

图2-63

（2）用抽象图案来装饰　有一些现代产品，如计算机、电子书等电子产品、化妆品等常采用一些重复、近似、渐变、变异等的构图方法，演变出丰富多彩的图案。这种方法具有很强的形式感（图2-64～图2-70）。

图2-64

图2-65

图2-66

图2-67

图2-68

图2-69

图2-70

第三节 表现和形式

内容依靠形式传达，形式又是内容的体现。内容与形式相互依存，并通过艺术表现传达出去。一件成功的设计作品，大都有一个令人惊叹的形式（关于包装设计的构图形式，会在下一章中具体讲解）。因此在包装设计创作中，除了要求定位准确、构思巧妙、立意新颖、构图严谨以外，最重要的是给予内容一个可以依托的独特表现形式。这种形式的选择要根据不同的商品、不同的立意构思、不同的印刷工艺，适当地选择包装设计的表现形式，主要有以下几点。

一、具象表现手法

运用摄影和绘画等方法，给人以真实的感觉。其中包括摄影、绘画描摹、漫画卡通、装饰概括等表现。

1. 摄影

摄影的发明与发展，给人类带来更丰富的视觉体验。特别是彩色照片，更能真实地反映商品的形象、色彩和质感。因此在设计上得到广泛应用，尤其在食品、纺织和轻工产品上应用最为广泛（图2-71 ~ 图2-78）。

图2-71

图2-72

图2-73

图2-74

图2-75

图2-76

图2-77

图2-78

2. 绘画

在设计的表现上，绘画始终是一个很主要的表现形式。因为它能更好地发挥设计者的能动性，从而进行艺术的取舍与组合。随着时代的发展，现在人们不仅可以运用水彩、水粉、透明色等颜料达到艺术的表现，而且可以利用各种绘画软件模拟水彩、水粉、油画、粉画、国画等艺术效果。另外，绘画手法表现在商品包装上同纯绘画作品有所不同，它使人们在体现商品味道的同时，得到一种亲切、自然的艺术享受（图2-79 ~ 图2-88）。

图2-79

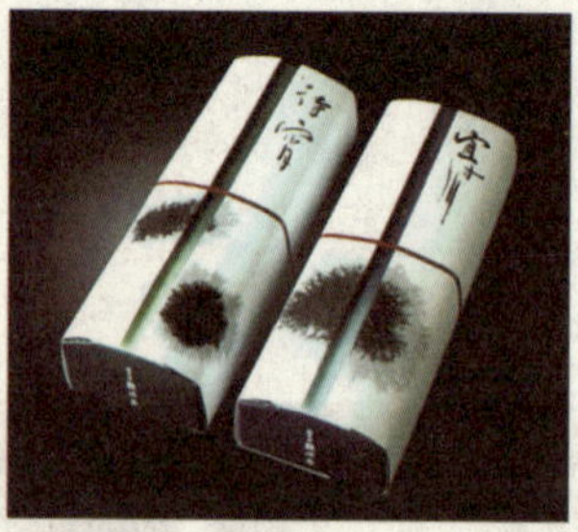

图2-80

图2-81

图2-82

图2-83

图2-84

图2-85

图2-86

图2-87

图2-88

3.漫画卡通

卡通漫画的表现手法比较灵活自然，卡通漫画形象本身就采用一种拟人的手法，给人以活泼诙谐的视觉感受。这种方式比较适于儿童产品、食品、电子产品等的表现（图2-89 ~ 图2-97）。

图2-89

图2-90

图2-91

图2-92

图2-93

图2-94

图2-95

图2-96

4.装饰概括

无论是采用传统纹样的图案，还是现代的图形进行表现，它们都是在写实物像基础上的一种精炼和概括，或强烈奔放，或简洁优雅（图2-98 ~图2-103）。

图2-97

图2-98

图2-99

图2-100

图2-101

二、抽象表现手法

主要运用点、线、面、体等构成的基本元素传达信息。这种不直接反映商品或其相关具体形象的抽象表现方法，给人以概括简练、现代时尚的感觉（图2-104 ~图2-111）。

图2-102

图2-103

图2-104

图2-105

图2-106

图2-107

图2-108

图2-109

三、夸张概括的表现手法

这种表现手法强调以变化求突出，不但有所取舍，而且还有所强调，使主体形象虽然不合理，但却合情。如我国民间剪纸、泥玩具、皮影造型和国外卡通艺术中都有许多生动的例子，这种表现手法富有浪漫情趣（图2-112 ~图2-117）。

图2-110

图2-111

图2-112

图2-113

图2-114

图2-115

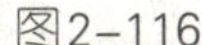

图2-116

图2-117

第四节
制作和规范

一、包装设计的制作流程

1. 草图

草图是设计者设计意图的最初呈现，它记录了设计构思发展的过程。一般情况下，设计师会从草稿当中选择最优秀的方案作为设计展开的依据。

2. 色稿

使用水彩、水粉等颜料或马克笔、彩色铅笔等工具，将草图的构思具体化。在此阶段，设计者对包装所采用的表现方式、印刷工艺、使用材料等均已有了明确的想法。

3. 制图

待与客户沟通并修改设计方案后，根据色稿的感觉，在计算机中进行实际尺寸的制作。这包括各设计元素具体的位置关系和色彩标准，并给出相应的精确数值。如成品的尺寸、色标的数值、特殊工艺的位置等。同时还可以根据委托客户的需求，制作成品的模拟效果。这样有助于观察出实际应用中的不足，因为在某种程度上，平面图有时不能完全反映出问题，你必须把它做成立体的效果才能更清楚地发现设计、制作中存在的问题。

4. 打样

彩色图片经过分色过网或电子分色后，在正式上印刷机之前，通常会先试印一次，以检验分色过网的色彩是否忠于原稿，同时也可以作为正式印刷生产时的范本。打样是印刷品的前身，如与原稿校对后则可付印。

5. 印刷

设计制作的电子文件交给印刷输出公司印制，一般情况下，设计师最好亲自跟单，因为在实际的印刷过程中，由于印刷技工的技术水平良莠不齐，设计师亲自跟单时可对印刷品的色彩给予微调的指导，从而达到满意的设计效果。(图2-118 ~图2-120)。

图2-118　　图2-119　　图2-120

6. 制成成品

略。

包装设计的制作流程见图2-121。

二、包装设计的有关规范

包装视觉设计不是诸如绘画、雕塑等纯粹的艺术创作，其根本目的在于商品的保护和促销，而不是一味地追求艺术性。因此包装设计应该向科学的、合理的、环保的方向发展，而和包装有关的法律法规正是确保包装设计能够不偏离包装的本质。

包装的法律法规针对的是近年来包装中出现的问题，这些问题主要体现在欺骗性过度包装和奢华性过度包装上。以膨大的包装夸大真实内容物容量的行为即属于欺骗性包装；奢华性包装指的是包装成本远远超过产品成本和搭售价值远远高于产品价值而又并非出于技术上或使用上需要的副产品。对于欺骗性过度包装，因为其存在缺乏社会合理性，只是一些缺乏诚信的商家为牟取暴利而往往通过扩大包装物的面积，增加包装内填充物的方法以达到误导和蒙蔽消费者的目的，这可以归入为商业欺诈，严重侵害了消费者的合法权益，对于同类产品厂家而言亦构成了不正当竞争。因此，对于欺骗性过度包装，世界各国的包装相关法律法规都对此进行了禁止。奢华性包装的存在则有着一定的社会基础和市场，但其数量泛滥，又将造成巨大的危害，因此各国在立法上对其进行严格的限制，使其数量大大减少，控制在满足一小部分消费者的需求之内。另外，随着逐步建立循环型社会的环保呼声日益强烈，包装中的环保性问题也被各国高度重视，并在包装立法中有所体现（图2-122 ~图2-124）。

图2-121

图2-122

图2-123

图2-124

联系到包装的视觉传达设计，设计时需要对以上方面加以注意，以免触犯相应的法规，下面对国际上和国内的一些法规进行介绍。

1. 欧盟包装法规

包装法规主要体现在基于生命安全的基本要求和基于环境保护的要求上，并对相关的包装材料和包装设计进行了限制。在包装材料上，在包装的基本功能可以满足的前提下，尽量不使用复合材料，慎重使用黏合剂和涂料；不采用过分印刷，避免油墨中的有害金属超过限定的量；禁止销售含蓝色素的皮革制品、纺织品及包装。欧盟主要禁止或限制使用的是某些原始包装材料，如木材、稻草、竹片、柳条、麻和以此为基础的包装制品；限制使用不易回收的热固型塑料包装材料。在包装设计上，欧盟规定，所有产品包装必须标明名称、生产商或经销商名称及地址、产品成分、警告用语、包装内容物、有效期、使用注意事项及生产批号或鉴别标志。欧盟要求各成员国采取一切必要措施，在包装、标签、说明和广告中禁止以图形或其他形式，使用一些措辞、名称、商标或形象来暗示产品本身不具备的某些特征。并且对有机食品和转基因食品包装标志作强制性要求。

2. 日本包装法规

因为日本的资源稀缺，因此日本对资源的利用十分重视，包装法规明确对过度包装的限制。日本法规规定容器内的空位不应超过容器体积的20%（或包装容器中的间隙原则上不可超过整个容器的20%），即包装内不能有太多空位；同时，包装成本不应超过产品出售价的15%。另外，日本包装也非常重视环保性，并分别于1991年、1992年发布并强制推行《回收条例》、《废弃物清除条件修正案》。

3. 中国包装法规

目前，中国正大力发展循环经济、创建环保型社会。专家认为，中国发展循环经济，政府的责任是推动立法予以支持，企业的责任是实行清洁生产、循环生产，公众的责任则是增强节约意识，改变不合理的消费观念，充分发挥科学技术的核心作用。同时，发布了大量相关的包装规范。2003年10月20日新《箱板纸》国家标准颁布实施，规定箱板纸的产品分类、技术要求、试验方法、检验规则和标志、包装、运输、储存。2005年4月发布的《固体废物污染环境防治法》中明确规定："国务院标准化行政主管部门应当根据国家经济和技术条件、固体废物污染环境防治状况以及产品的技术要求，组织制定有关标准，防止过度包装造成环境污染。"同时，正在起草中的《包装法》也对包装中出现的豪华包装现象进行严格规范，豪华包装将会受到法律的相应制约（图2-125 ～图2-129）。

图2-125

图2-126

图2-127

图2-128

图2-129

第三章 包装视觉传达设计的构图

Chapter 3

第一节 构图元素

在包装视觉传达设计的构图中主要包括：文字、图形、色彩、标志等元素。它们是构成包装画面的最基本元素，其设计的合理与否直接影响到包装的视觉效果（图3-1、图3-2）。

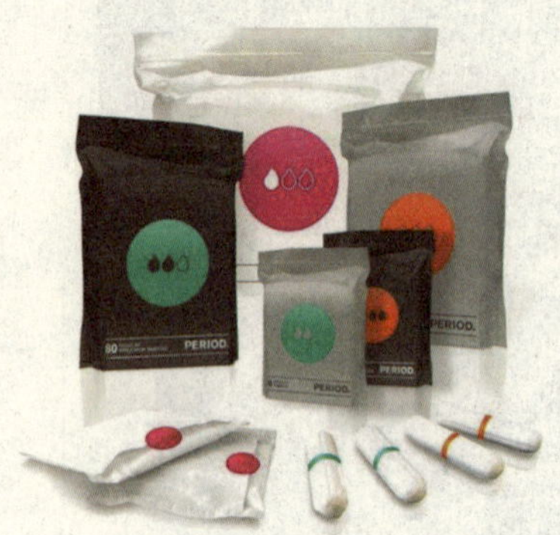

图3-1

图3-2

一、文字

文字是交流思想、传递信息并能表达某一主题的符号，它承载着人类的历史与文化。包装视觉设计中的文字可以表达有关商品的信息，人们通过这些文字，了解商品的产地、性能、使用方法和保质期等，从而达到人与商品之间的信息沟通。

图3-3

在进行包装设计时，通常能够遇到的文字有：商标名称、容量容积、成分说明、注意事项、生产日期、厂家、产地等。设计包装时必须把这些文字作为包装整体设计的一部分来统筹考虑。因此，怎样把必要的信息有效地传递出去是设计师的责任。

图3-4

文字在包装设计中主要有两种功能。首先，它可以传达商品的信息。其次，文字作为设计元素，通过字体的选用、排列组合和表现手法、字形大小、形态的正斜等等，按照视觉流程、阅读习惯给人以韵律感、调理性。从而达到非同一般的视觉效果（图3-3 ~图3-7）。

由于在包装视觉设计中需要安排的文字信息很多，这里就基本文字、资料文字、说明文字、广告文字等文字信息进行几点提示。

图3-5

1. 基本文字

基本文字包括包装牌号、品名和出产企业名称。一般安排在包装的主要展示面上，生产企业名称也可以编排在侧面或背面。品牌名字体一般有规范化的设计编排模式，品名文字可以加以装饰变化。

图3-6

2. 资料文字

资料文字包括产品成分、容量、型号、规格等，编排部位多在包装的侧面、背面，也可以安排在正面。设计时一般采用印刷字体。

3. 说明文字

说明文字说明产品用途、用法、保养、注意事项等。文字内容要简明扼要，字体一般采用印刷体。通常情况下不编排在包装的正面。

图3-7

4. 广告文字

广告文字是宣传内容物特点的推销性文字，内容应做到诚实、简洁、生动，切忌欺骗与啰嗦，其编排部位多变。

同时，在具体的操作过程中，对文字设计与排列的几点建议如下。

（1）字体要规范化，要准确、醒目易于辨认，要有主有次。

（2）设计作品上字体一般以两三种为宜，可有大小、粗细的变化，但字体不宜变化太多，以免显得杂乱。

（3）商标品牌名称的文字设计是包装文字设计中的重要环节，设计时最好根据产品内容与属性，选用现有字体或重新设计。要求反映商品的特点、性质，有独特性，并具有良好的识别性和审美功能。

（4）文字内容要简明、真实、生动、易读、易记，字体设计应具备良好的识别性、可读性。书法体在运用时，为避免一般消费者看不懂，应进行调整、改进，使之既能为大众所接受，又不失其艺术风格。注意同一名称、同一内容的字体风格要一致。装饰字体在包装视觉传达设计中运用最为丰富，主要有外形变化、笔画变化、结构变化、形象变化等多种。针对不同的商品内容应作有效的选择。

（5）文字的编排应与包装的整体设计风格相和谐。

（6）字距、行距安排得当。各类文字要有聚有散，字体要有大有小，字体颜色要有明有暗。字距在一般情况下是要小于行距的，以免造成阅读混乱等等。

（7）印刷体的字形清晰易辨，在包装上的应用更为普遍。汉字印刷体在包装上运用的主要有老宋体、黑体、综艺体和圆黑体。不同的印刷体具有不同的风格，对于表现不同的商品特性具有很好的作用。

文字设计是设计师的基本素养和设计功力的体现，要有对文字特有的熟练和敏感的审美判断。每种字体都有自己的表情和语言，如篆书的华丽高雅，隶书的飘逸端庄，楷书的朴实大方，行书的流畅奔放，宋体的雍容华贵，黑体的粗犷厚重等等。这些字体的风格给设计师无限的想象空间和丰富的创作灵感（图3-8 ~图3-18）。

图3-8

图3-9

图3-10

图3-11

图3-12

图3-13

图3-14

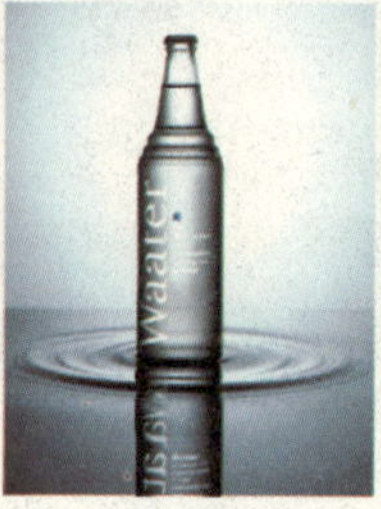

图3-15

图3-16

图3-17

二、图形

图3-18

图形是包装视觉传达设计中的重要组成部分，其在设计中具有强烈的引起人注意的作用。它较之文字在注意度上：图形占78%，文字22%。因此在一个设计作品中，图形设计的成败至关重要。归纳起来，可分为以下三类。

第一类：商标。商标是指企业、公司、厂商、产品等从事商业行为，用以区分不同生产者和经营者的商品和劳务的标志。它是企业精神和品牌信誉的体现，在设计时应注意其排放的位置。一般情况下都让商标处在醒目的位置，起到突出的视觉效果。

第二类：主体图形。一般根据不同产品的特点采用产品自身形象、人物、动物、植物、风景、卡通造型等去体现。通常情况下占据主视面的主要位置。

第三类：相关联的辅助装饰图形。对于主体形象起到了一种辅助装饰的作用，利用点、线、面等几何图形以及肌理效果去丰富构图。

总之对于图形设计给出以下几点建议。

（1）图形设计要注意准确的信息性。图形作为设计的语言，在处理中必须抓住主要特征，注意关键部位的细节，否则差之毫厘，失之千里。

（2）图形设计要注意鲜明而独特的视觉感受。现代销售中包装实际上也起到了广告的作用。因此在设计时不仅要注意内容物的特定信息传达，还必须具有鲜明而独特的视觉形象。

（3）图形设计要注意有关的局限性与适应性。图形传达一定的意念，对不同地区、国家、民族的不同风俗习性应加以注意。同时也要注意适应不同性别、年龄的消费对象。

（4）在包装设计时，应注意图形与文字两者之间的相互关系。在某种意义上说，图形在吸引消费者的视觉效果方面，比文字更有魅力，更具直观性。因此图形的应用与处理，应防止安排布局的随意性。防止图文之间的缺乏主次，避免“平分秋色”的弊端（图3-19～图3-29）。

图3-19

图3-20

图3-21 图3-22 图3-23 图3-24

图3-25 图3-26 图3-27 图3-28 图3-29

三、色彩

人们生活在一个色彩的世界，色彩无处不在。根据现代科学研究的资料表明，人从外界接受信息的百分之九十以上是由视觉器官输入大脑的。来自外界的一切视觉形象，如物体的形状、空间、位置以及它们的界限和区别都由色彩和明暗关系来反映。因此，色彩在人们的社会活动中具有十分重要的意义。正所谓“远看颜色，近看花”，这句通俗的谚语贴切地说明了色彩作为信息传递的强人之处。即在得知事物的形状等详细信息之前，首先感受到的是色彩。因此，人们对色彩的特殊敏感性就决定了色彩元素在视觉设计中的重要地位。

Chapter 1
Chapter 2
Chapter 3
Chapter 4
Chapter 5
Chapter 6
Chapter 7
Chapter 8

1. 色彩的对比与调和

俗话说，“红花虽好，需要绿叶相助”，色彩只有在对比中才能产生效果。色彩的对比包括色相对比、明度对比、纯度对比以及冷暖对比。

图3-30

图3-31

色相：用于区别色彩的名称，如红、黄、橙等。

明度：就是色彩的光亮度。色彩本身由于光度的不同，而产生明暗现象，如黄色的光度最强，紫色为最弱。

纯度：就是色彩的饱和程度。

色彩对比就是从色相、明度、纯度、冷暖等某一角度让色与色鲜明、刺激地并置在一起而形成的效果。在包装色彩运用上可能都会用到，但要用得“适物”、“适地”、“适度”才能达到色彩鲜艳、和谐、醒目的效果。

色彩除了对比以外，还需要调和，也就是和谐地统一在一个画面中。如果只有对比没有调和就会显得过分生硬，你争我夺。但过分强调调和又会使人感到含糊，所以在色彩设计时要控制好对比与调和的关系，这样才能达到良好的效果（图3-30 ~ 图3-36）。

图3-32

图3-33

图3-34

图3-35

图3-36

2. 主调与层次

在绘画作品中要有主调，在包装视觉传达设计中同样要有主调。没有主调就会让人感到眼花缭乱，分辨不清信息。主调的营造是通过某种颜色在画面上的面积决定的，人们平时说的“万绿丛中一点红”就是这个意思，说明主调是绿色，有几点红色在跳动，很有诗意。也可以通过两个色相邻近的颜色组合来形成一种颜色倾向作为主调，如红与橙、橙与黄、蓝与绿、蓝与紫等。

在包装色彩设计中，除了要有主调外，还会有其他陪衬的色彩。这就要求设计者组织好各个颜色的主次关系，从而使整个画面能够形成鲜明的黑白灰层次，这样画面才有层次感，不致让人产生乏味、平淡的感觉(图3-37 ~图3-47)。

图3-37　图3-38　图3-39　图3-40

图3-41　图3-42　图3-43

图3-44

图3-45

图3-46

图3-47

3.色彩的感情与联想

色彩对人的兴奋神经具有刺激性，能激发人的感情，能引起人的联想。而这种感情和联想的认识是基于人们对日常生活的积累。

(1) 色彩的冷暖感　红、橙、黄为暖色，易于联想太阳、火焰等，即产生温暖之感；而青、蓝为冷色，易于联想冰雪、海洋、清泉等，即产生清凉之感。另外还有一组冷暖的概念，即一般的色彩加入白会倾向冷，加入黑会倾向暖。如饮料包装，多用冷色，白酒类包装多用暖色。色彩的冷暖感觉以色相的影响最大(图3-48、图3-49)。

图3-48

图3-49

（2）色彩的轻重感　色彩的轻重感主要由色彩的明度决定。一般明度高的浅色和色相冷的色彩感觉较轻，白色感觉最轻；明度低的深暗色彩和色相暖的色彩感觉重，其中黑色感觉最重。明度相同，纯度高的色感觉轻，而冷色又比暖色显得轻。在包装设计中，一般画面下部用明度、纯度低的色彩，以显稳定；对儿童用品包装宜用明度、纯度高的色彩，以有轻快感（图3-50、图3-51）。

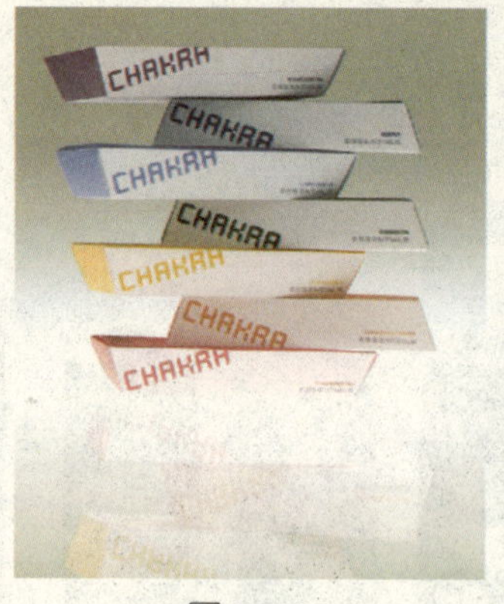

图3-50

图3-51

（3）色彩的距离感　在同一平面上的色彩，有的使人感到突出、近些，有的使人感到隐退、远些。这种距离上的进退感主要取决于明度和色相，一般是暖色近、冷色远；明色近、暗色远；纯色近、灰色远；鲜明色近、模糊色远；对比强烈的色近、对比微弱的色远。鲜明、清晰的暖色有利于突出主题，模糊、灰暗的冷色可衬托主题（图3-52～图3-61）。

图3-52　图3-53　图3-54　图3-55　图3-56

图3-57　图3-58　图3-59　图3-60　图3-61

（4）色彩的味觉感　在食品包装上，色彩对食品的味感有重要作用。人们一见到红色的糖果包装，就会感到甜味浓；一见到清淡的黄色用在蛋糕上，就会感到有奶香味。一般说来，红、黄、白具有甜味的感觉；绿色具有酸味的感觉；黑色具有苦味的感觉；白、青具有咸味的感觉；黄、米黄具有奶香味的感觉等。不同口味的食品，采用相应色彩的包装，能激起消费者的购买欲望，取得好的效果（图3-62、图3-63）。

（5）色彩的华贵质朴感　纯度和明度较高的鲜明色，如红、橙、黄等具有较强的华丽感，而纯度和明度较低的陈着色，如蓝、绿等显得质朴素雅。前者可用于礼品、工艺品包装；后者可用于医药品。同时色相的多少也起一定作用，色相多显得华丽，色相少显得朴素（图3-64～图3-70）。

图3-62

图3-63

图3-64

图3-65

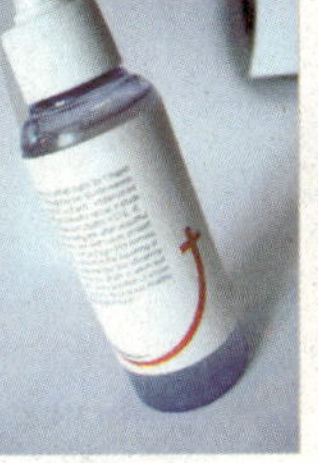
图3-66

图3-67

图3-68

图3-69

图3-70

4.包装设计中色彩应用的原则

鉴于色彩所传达的感情与联想，在设计中应根据具体产品的属性设计不同的色彩和色调。日本色彩学专家大智浩，曾对包装的色彩设计做过深入的研究。他在《色彩设计基础》一书中，曾对包装的色彩设计提出如下八点要求：

（1）包装色彩能否在竞争商品中有清楚的识别性；

（2）是否很好地象征着商品内容；

（3）色彩是否与其他设计因素和谐统一，有效地表示商品的品质与分量；

（4）是否为商品购买阶层所接受；

（5）是否有较高的明视度，并能对文字有很好的衬托作用；

（6）单个包装的效果与多个包装的叠放效果如何；

（7）包装的色彩在不同市场、不同陈列环境是否都充满活力；

（8）商品的色彩是否不受色彩管理与印刷的限制，效果如一。

除此之外，在色彩的运用中还应注意不同民族与地域的色彩偏好与禁忌。在瑞典，蓝色象征着男子气概，而在日本则是黑色，荷兰和瑞士则视蓝色为女性色；红色在美国和瑞士为最清洁，而英国则视其为最低劣色等等。随着商品经济全球化的发展，有些商品远销国外各地区，这就要求设计师在进行设计之前做好充分、深入的调查准备。鉴于色彩在包装设计中占有特别重要的地位，在竞争激烈的商品市场上，要使商品具有明显区别于其他产品的视觉特征，更富有诱惑消费者的魅力，刺激和引导消费，以及增强人们对品牌的记忆，都离不开色彩的设计与运用（图3-71 ~图3-78）。

图3-71 图3-72 图3-73 图3-74

图3-75 图3-76 图3-77 图3-78

四、商标

商标是指企业、公司、厂商等从事商业行为的标志。它以简洁的形式传达丰富的内容，它的使用对象是商品或劳务；它的目的是为不同的厂商提供商品和劳务的区别，而不至于混淆；它的表现手法是利用图形、文字或图文组合，构成具体可见的象征性的视觉符号，并将这一视觉符号中的内容、信息、观念传达出去，影响观者的态度、看法和情感等，从而达到树立品牌形象的目的。商标一般可分为三种形式，即文字商标、图形商标、文字与图形组合的商标。

商标是一种符号，符号当然力求简洁。但简洁中不失意义及美观，这就是商标设计的要旨。一个成功的商标设计应遵循以下几点：

1.识别性

商标须有独特的个性，容易使公众认识及记忆，留下良好深刻的印象。但相对来说，若商标与别人的相类似，看去似曾相识，没有特征而面目模糊的设计，一定不会使人留有印象。

2.原创性

设计贵在具有原创的意念与造型，商标亦如是。原创的商标必能在公众心中留下独特的印象，也能经得起时间的考验。原创可以是无中生有，也可以在传统与日常生活中加入创意，推陈出新。

图3-79

3.时代性

商标不可与时代脱节，使人有陈旧落后的印象。现代企业的商标，当然要具有现代感；富有历史传统的企业，也要注入时代品味，继往开来，引领潮流。

图3-80

4.地域性

每一个机构企业都具有不同的地域性，它可能反映于机构的历史背景、产品或服务背后的文化根源、与市场的范围和对象等。商标可具有明显的地域特征，但相对来说，也可以具有较强的国际形象。

图3-81

5.适用性

商标须适用于机构企业所采用的视觉传递媒体。每种媒体都具有不同的特点，或者具有各自的局限性，商标的应用须适应各媒体的条件。无论形状、大小、色彩和肌理，都要考虑周详，或者作有弹性的变通，增强商标的适用性。

除此之外，还应考虑遵循《商标法》的相关条款（图3-79 ～图3-87）。

图3-82

图3-83

图3-84

图3-85

图3-86

图3-87

第二节 构图原则

构图是构思的具体化。在中国画“六法”中称为“经营位置”，即把构思所决定的表现内容，通过设计者对内容的理解以及设计者的艺术素养加以组织，成为一种具体的形象安排。也就是说，是将商品包装展示面的商标、图形、文字、色彩和一些符号组合排列在一起，构成一个完整画面的过程。

图3-88

在包装的视觉传达设计中因为要反映的信息太多，诸如品牌、品名、商标、图形、色彩、图案等等，所以在构图处理中更应统筹兼顾，理顺各要素间的关系，做到既要突出主题，主次分明，又要层次丰富，条理清楚。因此要正确处理好主体与陪衬、对称与平衡、对比与协调等的关系。

图3-89

一、主体与陪衬

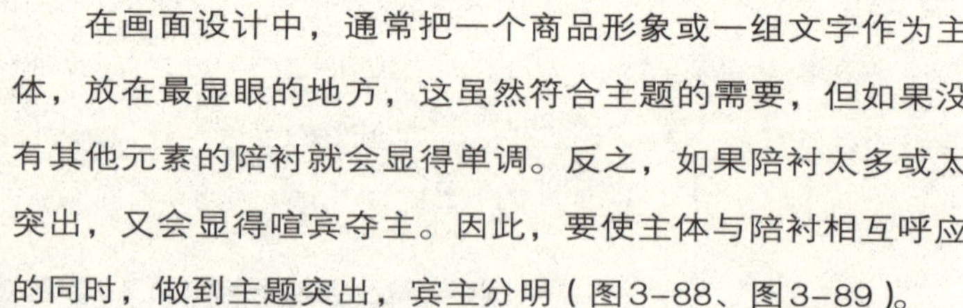

在画面设计中，通常把一个商品形象或一组文字作为主体，放在最显眼的地方，这虽然符合主题的需要，但如果没有其他元素的陪衬就会显得单调。反之，如果陪衬太多或太突出，又会显得喧宾夺主。因此，要使主体与陪衬相互呼应的同时，做到主题突出，宾主分明（图3-88、图3-89）。

二、对称与平衡

对称与平衡是元素构成的基本法则。平衡指的是左右等量而不等形；对称指的是左右等量又等形。平衡的形式给人以活泼的感觉；对称的形式给人以平稳庄重的感觉（图3-90～图3-95）。

图3-90

图3-91

图3-92

图3-93

三、对比与协调

构图中如果没有对比就会显得单调平淡。对比在构图中有疏密、虚实、前后、大小、曲直等。正确运用对比关系可以使画面完美，反之如果只有对比而忽视了协调，画面中各元素就会显得格格不入。必须使各元素看上去是应该归在一起的，而不是随意碰巧放在一起的（图3-96 ~图3-98）。

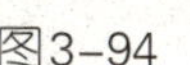
图3-94

图3-95

图3-96

图3-97

图3-98

第三节 构图的骨架形式

构图是包装成功与否的关键环节，严谨的结构、主次关系、韵律的变化、完美的秩序等始终是优秀设计所共同追求的法则。世界上一切事物都有其发展变化的普遍规律，没有结构就形成不了秩序与韵律，对于艺术作品也不例外。分析包装设计作品，将设计中各元素间的组合位置关系归纳为以下诸种构图骨架形式。

一、垂直式

构图中各符号排列采用竖向形式，以文字（中文、英文）最为典型，这种构图形式给人以严肃、挺拔的视觉感受，有很强的韵律感和方向性，顶天立地颇有分量。比较适于长、高的产品外形（图3-99 ~图3-110）。

图3-99

图3-100

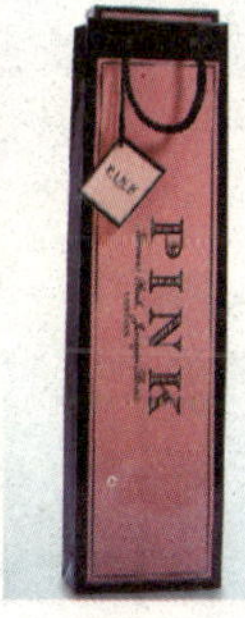

图3-101

图3-102

图3-103

图3-104

图3-105

图3-106

图3-107

图3-108

图3-109

图3-110

二、水平式

构图中各元素排列采用横向形式，形成安静、稳定的视觉感受。这种构图形式比较传统，在具体的设计过程中，要在平稳中求变化，以免造成呆板平凡的感觉（图3-111～图3-119）。

图3-111

图3-112

图3-113

图3-114

图3-115

图3-116

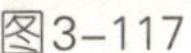
图3-117

图3-118

图3-119

三、倾斜式

倾斜式构图给人以很强的方向感和速度感，构图中各元素由下向上或由左到右，以同一的律动形成活跃的视觉画面。在具体的设计过程中要注意在不平衡中求平稳（图3-120～图3-125）。

图3-120

图3-121

图3-122

图3-123

图3-124

图3-125

四、弧线式

弧线式骨架包括圆式、S线式、旋转式等。这种构图形式灵活多变，会在画面上形成圆润活跃的律动结构，从而给人浪漫、流畅、舒展的视觉感受（图3-126～图3-128）。

图3-126

图3-127

图3-128

五、散点式

构图中各元素排列没有严格的格式，看似无序实则蕴藏千秋，聚散有序。这种构图形式自由、奔放，空间感强，但如果处理不当会造成凌乱的感觉（图3-129～图3-135）。

图3-129　图3-130　图3-131　图3-132

图3-133　图3-134　图3-135

图3-136

图3-137

六、中心式

把主要表现的元素置于画面的中心位置，有视觉安定、形象突出的效果。这种构图形式层次感强而丰满，但如果主次关系处理不当就会造成机械、呆板的视觉感受（图3-136～图3-141）。

图3-138

图3-139

图3-140

图3-141

七、重叠式

构图中各元素多层次重叠，使画面丰富立体，有律动感。这种构图形式强调一种层次感，如果处理不当会有信息混乱的感觉（图3-142～图3-149）。

图3-142

图3-143

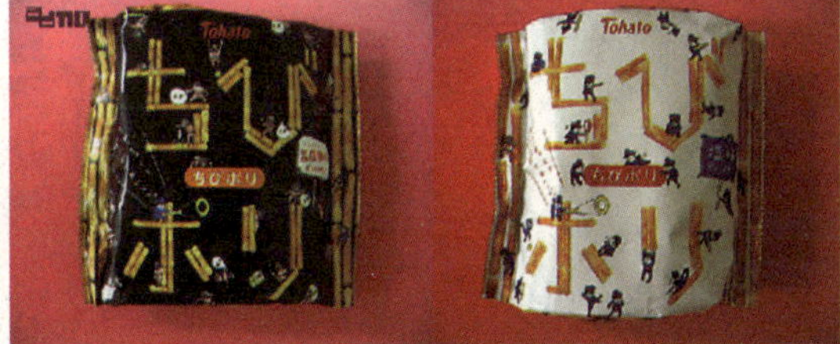

图3-144

图3-145

图3-146

图3-147

图3-148

图3-149

八、综合式

没有明显倾向的构图形式。这种构图形式往往介于两种构图形式之间，变化灵活，形式多样（图3-150 ~ 图3-155）。

以上诸种构图骨架形式，只是理论的概括，在实际的运用过程中应灵活运用，驾驭规律，这样才能够推陈出新，创作出优秀的包装设计作品。

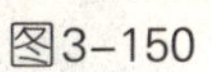

图3-150

图3-151

图3-152

图3-153

图3-154

图3-155

Chapter 4

第四章

包装设计的造型

包装造型以保护商品、方便使用和传达信息为主要目的，并包含着功能性、技术性和艺术性三个方面，是与现代化工业大生产紧密结合的、科学技术与艺术形式相统一的、美学与使用目的相联系的一种产品设计，具有物质和精神的双重价值。

第一节 包装设计的容器造型

一、包装容器造型的意义

包装造型是包装设计不可缺少的重要构成部分，是指包装的外观立体形态。是根据产品的实际需要，通过一定的材料、结构和技术手段创造出立体外观形态的活动过程。

首先，包装需要依靠具体的形态呈现出来，因此造型设计是包装设计不可缺少的主要组成部分；其次，包装造型必须体现自身的实用功能与审美价值，为商品的保护、消费与审美功能服务，从而达到促进销售的目的。再次，包装造型设计必须遵循成本节约的原则，以最低的消耗取得最佳的效果。同时，包装造型设计是创造性的工作，应该在满足包装实用、审美、经济的基础上，创作出具有特色的包装设计造型作品（图4-1 ~图4-8）。

图4-1　图4-2　图4-3　图4-4

图4-5　图4-6　图4-7　图4-8

二、包装容器造型的分类

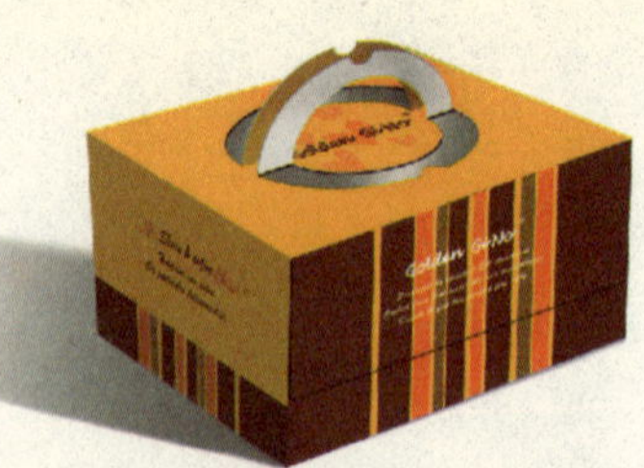

图4-9

1.按包装容器的形态分类

有盒类、袋类、瓶类、罐类、坛类、盘类、桶类、筐篓类等类型。

图4-10

2.按包装容器的材料分类

有陶瓷容器、玻璃容器、塑料容器、金属容器、石料容器和自然材料容器等类型。

3.按包装容器的结构分类

有便携式、易开式、开窗式、透明式、悬挂式、堆叠式、组合式等类型（图4-9 ~图4-21）。

图4-11  图4-12 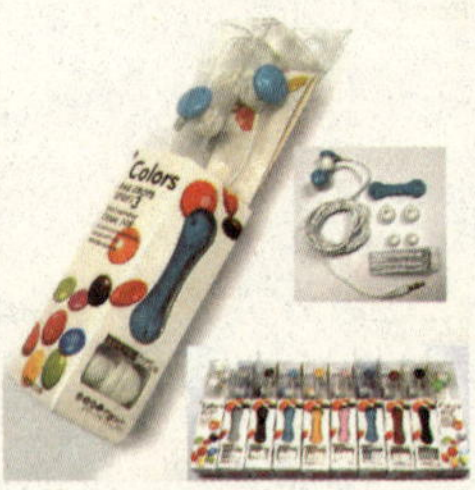 图4-13  图4-14

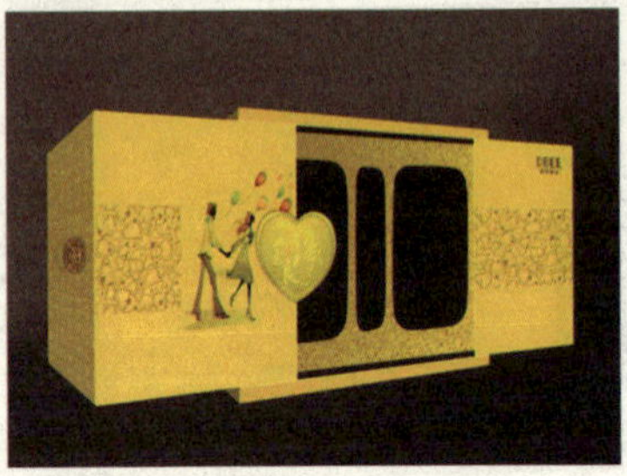

图4-15  图4-16  图4-17

图4-18  图4-19  图4-20  图4-21

三、包装容器造型的设计原则

适用、经济、美观是包装容器造型设计的基本原则。

适用是指包装容器的造型结构满足人们的使用功能。经济是指包装容器的制作成本价格合理（包括包装原料的费用、生产成本、产品价格等）。美观是指包装容器的外观是否好看。

包装容器造型设计的三原则是包装容器造型设计的普遍规律。随着时代的发展，有时人们对包装容器造型的要求已经超出了物质需要的范畴，如高档的礼品包装就是以美观作为第一出发点的。因此在运用包装容器造型设计的原则时，应根据具体情况可略有侧重（图4-22 ~ 图4-28）。

图4-22

图4-23

图4-24

图4-25

图4-26

图4-27

图4-28

四、包装容器造型的设计形式规律

容器造型要有打动人的形态。人类在长期劳动和寻求美的过程当中积累了丰富的经验，并不断丰富发展，从而形成了包装容器造型设计的形式规律。这些原理与规律已经成为进行包装设计构思时的理论依据。

图4-29

1. 对比与调和

对比是把造型中某一差异因素组织在一起，使之产生不同程度的对照关系，如大小、高低、曲直、粗细、宽窄、明暗、黑白、虚实、毛滑、透明与不透明等。调和是强调共有以达到协调的效果。包装容器造型设计的对比与调和包括：线形的对比与调和、体量的对比与调和、空间的对比与调和、肌理的对比与调和（图4-29、图4-30）。

图4-30

2. 对称与平衡

对称是生活中经常看到的一种形式，体现在包装容器造型中，即左右、上下同形同量。平衡又称均衡，体现在包装容器造型中，即左右、上下在形状上虽然不同，但却感觉量是相同的。对称的东西都是平衡的，但平衡的东西却不一定对称（图4-31 ～图4-33）。

图4-31

图4-32

图4-33

图4-34

3. 节奏与韵律

节奏是调理、有变化地重复某一元素，从而形成秩序的变化美感。如形的堆叠、重复、旋转形重复、大小重复、近似形重复、渐变形重复等。韵律是在节奏的基础上赋予轻重缓急、抑扬顿挫的情调。如连续的韵律、交错的韵律、渐变的韵律和起伏的韵律等（图4-34 ～图4-42）。

图4-35

图4-36

图4-37

图4-38

图4-39

图4-40

图4-41

图4-42

4. 整体与局部

整体与局部是一对矛盾体，一件容器的口、颈、肩、腹、足、底、盖等对于容器本身都属于局部。在设计中，局部要服从整体的需要，在塑造整体风格的前提下精化局部设计。当然局部设计的好坏也会影响整体的效果。

5. 呼应与连贯

呼应是指形与形之间的和谐关系，包括线形的呼应、形状的呼应、空间的呼应、虚实的呼应、动势的呼应等。呼应运用得当，连贯性就强，就越显得整体统一（图4-43 ~ 图4-46）。

图4-43

图4-44

图4-45

图4-46

6. 稳定与生动

稳定可分为实际结构的稳定和视觉上的稳定两种。重心不稳，一碰就倒的造型是没有美感可言的，但呆板敦实的造型又不是人们理想的形态，因此，包装容器的造型设计应在稳定中求生动，在生动中体现稳定（图4-47 ~ 图4-51）。

图4-47

图4-48

图4-49

图4-50

图4-51

五、包装容器造型的设计制图与制模

包装容器造型设计的制图与制模是容器造型能够准确生产和加工的依据。

1. 造型制图

包括正视图、侧视图、俯视图，有必要的话最好有一个轴侧图。制图的方法可通过计算机或手绘完成，制图时要严格按照比例制作。

2.造型制模

可通过石膏、木材、塑料等材料加工制模。

第二节 包装设计的纸盒造型

纸盒包装，是指通过对纸的切、割、折、插、粘等工艺，使其成为具有三维立体感的商品包装盒。随着环保意识的加强，人类对纸这种环保绿色材料的开发与使用进一步加强，许多发达国家相继研究出对纸的多种深加工方法，在拓宽纸质包装发展领域的同时，也加快了纸质包装的发展速度。如TetraCart是世界上最早使用高温高压灭菌食品技术的纸盒包装，这种纸盒包装可用于包装含水分的在常温下流动的食品，最长货架期可达24个月。

一、包装纸盒的分类

纸盒最常用的分类方法是按照纸盒的加工方式进行区分，一般分为折叠纸盒和粘贴纸盒。

折叠纸盒是应用最为广泛，结构变化最多的一种销售包装，一般又分为管式折叠纸盒、盘式折叠纸盒、管盘式折叠纸盒、非管非盘式折叠纸盒等。

粘贴纸盒与折叠纸盒一样，按成型方式可以分为管式、盘式和亦管亦盘式三大类。每一大类纸盒类型中又可以根据局部结构的不同，细分出很多小类，并且可以增加一些功能性结构，比如组合、开窗、增加提手等等。

二、包装纸盒造型设计的要点

包装纸盒的造型设计，要从以下三个方面考虑。

1.实用性原则

由于包装本身的功能性，包装纸盒设计时必须根据其内容物的性质、形态、重量、尺寸等因素，以达到包装的收纳和保护的作用。

2.经济性原则

要考虑厂家对产品的成本核算，做到花最少的钱达到最好的效果。

3.审美性原则

具有时代的审美特点和大众的审美需求（图4-52 ~图4-59）。

图4-52

图4-53

图4-54

图4-55

图4-56

图4-57

图4-58

图4-59

三、包装纸盒造型的设计形式

1.天地盖和摇盖式纸盒

它们是在盒面上根据不同的图形压有切线，可以打开盒盖，既能看到商品，又能看到盒面的装潢图形文字和商标，它的优点是开启方便，易于取出商品和便于陈列及宣传商品（图4-60～图4-64）。

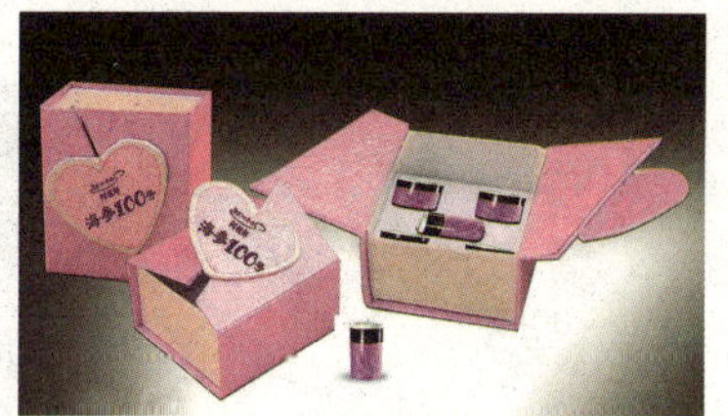

图4-60

图4-61

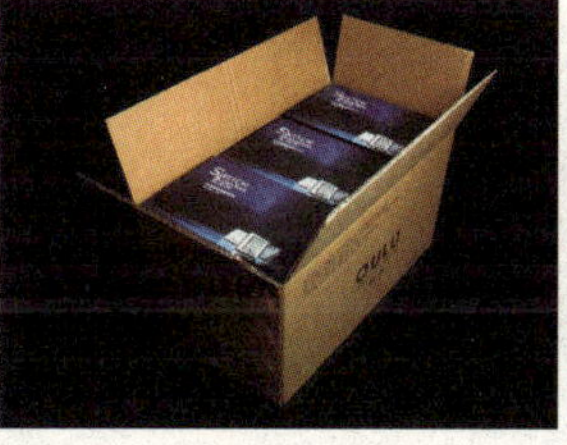

图4-62

图4-63

图4-64

2.开窗式纸盒

开窗式纸盒有局部开窗、盒盖透明、盒多面透明三种形式。一般与透明塑胶片结合使用，开窗部位显示出商品，便于消费者选购（图4-65、图4-66）。

图4-65

图4-66

3. 手提式纸盒

有的商品包装体积较大，为方便顾客携带，在纸盒上加一提手，提手尽可能设计成可以折叠（图4-67 ~ 图4-76）。

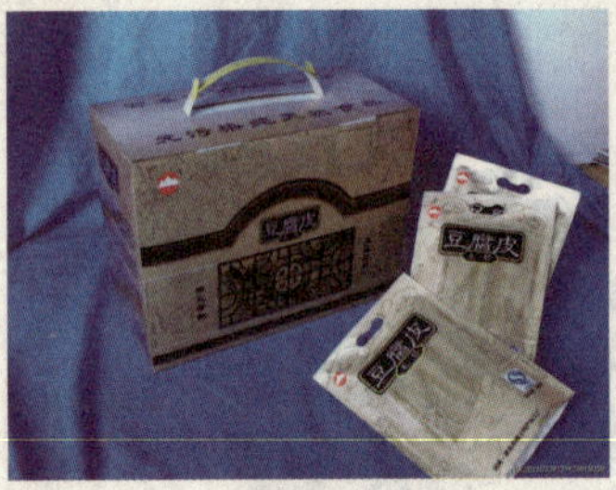

图4-67 　　图4-68 　　图4-69

图4-70 　　图4-71 　　图4-72 　　图4-73

图4-74 　　图4-75 　　图4-76

4. 异形式纸盒

异形式纸盒主要有三角形、五角形、菱形、六角形、八角形、梯形、圆柱形、半圆形、书本式等各种形态。这种纸盒的结构是通过弧线、直线的切割和面的交替组合，呈现出来的包装造型。异形纸盒的优点是新颖、美观（图4-77 ~ 图4-84）。

图4-77

图4-78

图4-79

图4-80

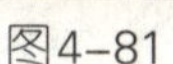
图4-81

图4-82

图4-83

图4-84

5. 特殊结构式纸盒

特殊结构纸盒是在纸盒的某一个部位开一个缺口，或者是加上一个附件，其纸盒结构可多样化，为方便消费者使用，可根据商品不同的用途作相应的特殊设计（图4-85 ~ 图4-87）。

图4-85

图4-86

图4-87

四、包装纸盒造型的制作

包装纸盒的造型制作，需要通过切、折、插、贴等方法实现（图4-88 ~ 图4-90）。

图4-88

图4-89

图4-90

第三节 包装十大原则

包装是多学科的综合。它包括种类繁多的产品、材料、容器、工艺、技术以及一定方面与包装有关的工作。同时，人们提出任何包装理论都自然会遇到在相互联系的各个领域中如何应用的复杂课题。最重要的是承认包装科学需要一套包装所涉及的各方面都能接受的理论。

一、包装是一个体系

这个原则提出了基本问题："什么是体系"，它可以通俗地定义为"由内部相关联的各个部分组成的一个整体"。包装体系包括它所有部分的活动范围，从包装产生到与产品组合，分发包装产品，处理废弃物以及废旧包装的回收利用。

因此，包装的范围包括原材料提供、加工、容器制造、辅件供应及服务等厂家（如盖、标签、捆扎带、托盘、印刷、测试实验室等）以及机械制造厂家，被包装的产品制造厂家，分发渠道的中介人，使用包装产品的广大消费者，以及废物处理回收部门。

这个原则的主要作用是它证明了与包装有关的许多部门之间的系统联系。它相应地扩大了包装的范畴，远远超出了包装就是实在的物质构成的容器的概念之上。

不能说"包装工业"这一提法是正确的。因为包装涉及许多不同的领域。因此，这种建立在由这些相互联系的领域组成的共同体系之上的理论是有价值的。它促进人们对复杂事物的理解以及对包装价值的评定。

二、包装是一个组成的部分

图4-91

图4-92

图4-93

图4-94

这个原则告诉人们一个事实：即包装除了有自己的体系之外，也是一个更大的系统中的一个组成部分。那个较大的系统是：材料、生产、产品的销售和分发。换句话说，包装是生产经营企业系统中的一个组成部分。

这个原则与前面的原则有何实际不同呢？这里，包装的含义是在微观的范围之内（如各公司的范围内）。对于典型的公司来说，它的原材料、部件和组件的相当一部分是以包装好的形式收到的。这些进货和加工件中的相当大的部分，是装在某种容器中在厂内搬运的。包装的存在最为明显，往后，包装和产品就作为一个整体，贯穿包装产品分发的整个过程。

包装的确是这个系统的轴心部分。一个公司进料、生产、销售、分发产品都离不开包装。包装不仅保护来料的质量，还便于厂内搬运，使生产的各个部分有效地结合起来，作为销售工具，带领产品通过分发渠道。

人们如果接受这个原则，就可以理解包装是生产经营系统中普遍存在的一个组成部分，从生产的开始到完成都在发挥作用。持这种眼光和态度看问题，每个公司应有计划地研究包装的功效（图4-91 ~ 图4-94）。

三、包装既是一门学科，又是一门艺术

这个原则告诉人们，包装是来源于许多学科的一门应用科学。它提醒我们，包装具有双重的特性。对于它的科学性来说，包装是建立在工程学、物理学、化学和数学这样一些学科的基础之上。而它的艺术选择角度则是根据结构和美术设计、广告及销售要求来确定的。

当人们进行某种包装的开发调查和估测时，这一原则可以促进更为灵活的思想产生。决策人意识到，当不可改变的科学法则限定他们选择的同时，也时常为他们制定包装创新决策留有余地。

图4-95

图4-96

四、包装必须进行管理

第四条原则说明，对包装必须进行管理，因为包装可以带来许多潜在的利益。有这样一些错误观点，“任何人都会管理包装”，“包装不过是把产品放在箱子里运走”。事实恰恰相反。这个原则在理论上指出，包装在整个工业中被普遍地采用，包装与其他方面的联系是如此之多，包装成果的取得主要是由于熟练的、系统的管理，而不是靠偶然机会取得的。

同时，这个原则对于最适合在涉及包装的领域中做管理工作的人们提出了要求。他们应该具有坚定的运用经营原理的指挥能力，应致力于统观全局，而不是孤立、片面地看问题。同时，理想的人选应是一个计划家，一个好的联络家，面向人民，面向客观效果，有效地开辟失败与成功相伴的最佳合作。

图4-97

这个原则的意义可以用一个简单的道理来说明。如果不想在管理人才培养方面进行适当投资，他们尽管努力也不能做出成绩。最后，“管理”一词在这里并不局限于字面上的意思。相反，它表示对效益负责，决定着结果。在此意义上说，人人都必须学会管理，以便取得他们预期的效果（图4-95 ~ 图4-98）。

图4-98

五、产品是包装的中心

这个原则指出，一切包装有关活动的中心应是被包装的产品。由此推出的结论是：包装依赖于产品而存在，而绝不能颠倒。这个原则值得详细阐述。因为人们极易对此产生误解。

这个原则并不与事实相矛盾，即产品和包装是一个常常难以单独分开的整体。例如，把喷

雾罐中的气溶胶产品与它的包装喷射装置分开是行不通的。它们是这样复杂地联系在一起。

同意这一原则并不意味着不能改动产品。相反，只要有可能就应利用机会修改产品，使产品的包装更为经济、容易制作。事实上，产品的发展和包装的发展应是同步的，互相配合地进行的。

这个原则还要说明产品的概念首先应是可以出售的，否则，无论怎样，包装这个产品也要失败。好的包装会给好的产品增加魅力，但好的包装却挽救不了低劣产品。改变一个基本上属低下产品的包装可能暂时地增加新的销售量，但这种状况不会长时间保持下去。

图4-99

用一个人们熟悉的例子可以进一步说明这一原则的重要性。直立袋，虽然它在其他国家有长时间的成功历史，与那些国家不同，美国有强大的制罐、玻璃制造工业以及冷冻分发渠道。直立袋的推销者失望地看到，美国社会并不欣赏这种包装的优点，那些国家在包装上用的心思太多了，而在产品上却不足（图4-99 ~ 图4-101）。

图4-100

图4-101

六、包装具有保护商品、激发购买、提供便利三大功能

前面几条原则讨论的是什么是包装。这条原则是关于包装的作用。包装虽应用于很多领域，但它仅具有三方面的功能：保护、激发、便利。

保护商品是包装的特性，使商品得到防护，免遭损害。

激发购买是指包装之所谓“无声的推销员”的作用。包装与消费者之间，通过包装所用的材料、形状、色彩、印刷文字、图画等，进行着有意识和无意识的信息传递，激发顾客购买商品的欲望。

提供便利是指包装可以提供方便的作用。方便谁呢？从理论上说，是方便每个人和每个与包装发生联系的人。包装不仅为广大消费者提供便利，也为工厂经理、货运商、储存商和零售商以及其他人提供便利。因此便利性不仅仅具有这样一些为人们熟悉的特点如易开性、再封性、可控分发。它还有这样的特点：使充填生产线进行高效连续充填；提供运输、仓储的经济性以及零售商品货架码放的便利性。

这个原则的主要作用是使决策人避免采用无效包装。任何包装的预期效果应该至少具备保护商品、激发购买、提供便利三大功能中的一种。

运用这个原则不能均等地看待三大功能，换句话说，虽然每种功能的重点会随着产品不同而变化，但所有类型的包装——消费品、工艺品、军用品等应该体现出三种功能（图4-102 ~ 4-108）。

图4-102　图4-103　图4-104　图4-105

图4-106　图4-107　图4-108

七、过分包装与不善包装是相联系的两方面

为了理解这个原则必须懂得，一种产品是过分包装还是不善包装是建立在环境变化的基础之上的一种判断。任何产品的现有包装都可以增加或消减。中心问题是现有包装是否充分地反映了关键性的变量。如产品特性，生产与销售。

举例来说，如果一个产品放在一个外观过大的包装中是出于防窃的目的，就不能称是过分包装。比较而言，一个产品放在过大尺寸的包装中是为了迷惑人，造成人们对包装内容物的错误印象，才真正是过分包装，是不允许的。

如果产品装在一个相当朴素的没有任何装饰和想象力的包装中，即使对产品的防护是充分的，也是不善包装。举例说，如果这种产品在一个包装必须吸引顾客的商品环境中出售，它的包装就会断送产品的销路。

这个原则要求决策人养成一个习惯，能够从理论上判断过分包装与不善包装，在相互联系的变量基础上论证所选择的包装级别的正确性。

八、经济包装以最低的成本达到目的

也许没有其他方面要比包装成本问题有更多的误解误用了。这个原则使人们在这个混乱的领域中得到指导。经济包装是由价格和效能决定的。这就是说，首先要确定包装的类别及必须达到的效能的级别。把它们作为包装目标，然后再着手尝试以最低的费用达到这些目标。

图4-109

图4-110

那些理解和运用这个原则的人们绝对不会为这样的说法感到羞愧："我要以最低的成本达到最大的效能。"效能与成本是相联系的。人们的目的应该是取得所要求的效能，但不要付出过多的代价。

经济包装应该通过实现功能目标而获得。你肯定这种产品需要现有包装的保护级吗？激发购买欲望的要求可靠地确定了吗？包装提供的各种便利都确实需要吗？如果对上述问题的回答是"不"，那么降低目标要求从而节省费用。如果答案是"是"，那么通过最有效的成本耗费，积极寻求达到目标的方法（图4-109 ~图4-114）。

图4-111

图4-112

图4-113

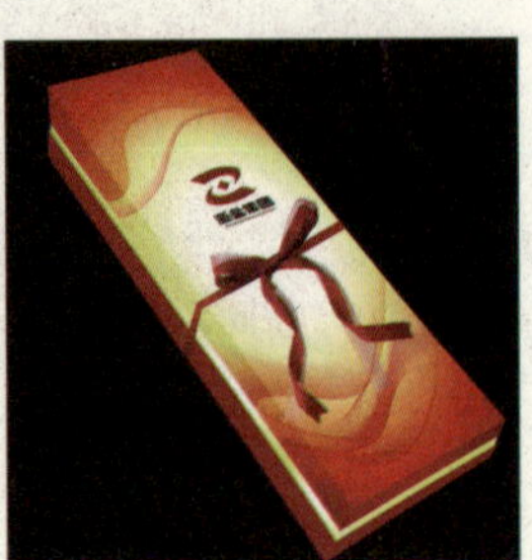

图4-114

九、包装实施必须标准化

这个原则也许会引起争议，但显著的效益证明了它的价值。它主张无论何时包装的应用都应该是标准化的。

标准化可以实行企业级和工业级。企业标准是企业实行的对不同材料和容器的限定。制罐工业标准则是工业级标准的典型例子。

可以举出许多由于实行标准化带来效益的例子。质量保证一例是十分易懂的。包装标准化使大批量购货的费用的降低更为可能。包装和包装产品的生产方法、搬运、储存和运输都可以实行标准化。实行标准化，实际上还可以节省在设计、开发测定方面的时间和精力。

这个原则并不意味着放弃产品的变异和调整。如美国公司Brik Pak（瑞典Tetra Pak公司的分公司）的无菌包装，高度标准化然而设计上又极为不同。

图4-115

这个原则提醒我们，要弄清楚取消不必要的包装变更含义。人们仅仅从这些趋势来考虑：新产品的激增、包装计算机化和自动化、包装的相互作用、包装产品的全面销售和产品承担的严格的法律责任，就可以得出包装标准化是一条正确的原则（图4-115 ~ 4-119）。

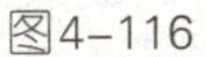

图4-116

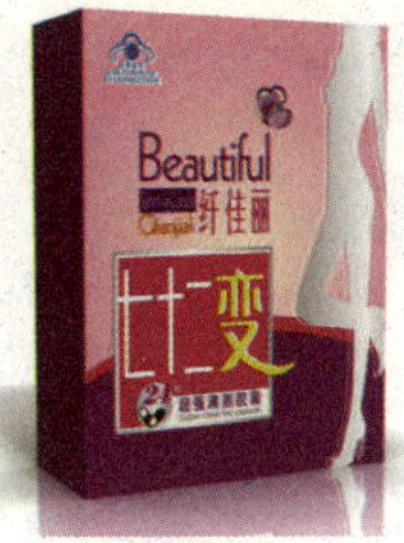

图4-117

图4-118

图4-119

十、没有尽善尽美的包装

最后这条原则说明，尽善尽美的包装是不存在的，包装不能持久地保持它的完美。理由是为了不断反映消费者的爱好、生活方式、法律和技术的变化等因素，包装过时了就必须改变。

这条原则的意义在于指出了包装是一个变动的领域，是在不断变化的环境中实现的，总有工作要做，总要进行改进。

将这些原则精选出来是为了所有与包装有关的人们进行运用——专家与初学者，包装供应者和包装用户，学生和专业人员，甚至立法者和消费者。

包装，毫无疑问是整个工业界中必不可少的部分，因此从长远看，任何指导包装完成它的使命的原理都必将有益于社会（图4-120 ～图4-123）。

图4-120

图4-121

图4-122

图4-123

Chapter 5

第五章 包装设计的材料和印刷工艺

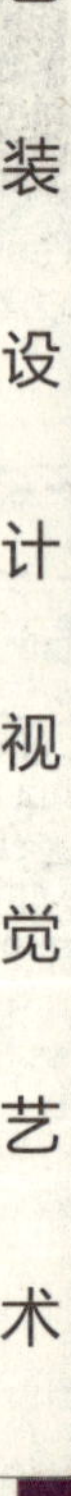

第一节
包装与材料

包装的视觉效果是通过包装的材料与工艺体现的。一个包装设计的成功不仅需要具有准确的定位与构思的巧妙，同时对材料的选择和工艺的讲究也是很重要的。

包装材料是指用于制作包装容器和构成产品包装的材料的总称。社会科技的发展，使各种新型的材料不断诞生并被利用，包装材料从天然发展到合成，从单一发展到复合，材料的相互渗透已成为世界性的发展趋势和必然。它代表的是一个新时代的文化信息，一种新生力量在生活中的体现，使得现代包装的行列里又增添了新的家族，使包装文化的美感具有了时代感、流行性和普及性。

一、包装材料的分类

包装视觉设计中对于材料的选择非常重要，不同的材料给人以不同的视觉感受。当然包装材料的种类很多，如棉麻质的、陶质的、木质的等等。这里主要就构成现代包装材料四大支柱的纸、玻璃、塑料和金属来进行讨论。

1. 纸

是包装设计的常用材料，因其具有易加工、便于印刷、环保、廉价等优点，因此可适用于多种产品的包装。

2. 玻璃

玻璃是一种古老的包装材料，具有高阻隔、光亮透明、化学稳定性好、易成型的特点。

3. 塑料

塑料用作包装材料是现代包装技术发展的重要标志，因其原料来源丰富、成本低廉、性能优良，成为近40年来世界上发展最快、用量巨大的包装材料。今后发展趋势是多层复合不透气性塑料、功能性塑料，并以生物降解塑料的发展较为迅速。

4. 金属

金属材料是一种历史悠久的包装材料，用于食品包装已有近200年的历史。由于金属包装材料具有很高的阻隔性能、优良的机械力学性能和成型加工性能，同时具有良好的耐高低温性能、导热性能和表面装饰性能，使其具有优良的包装特性、包装效果和生产效率（图5-1 ~图5-11）。

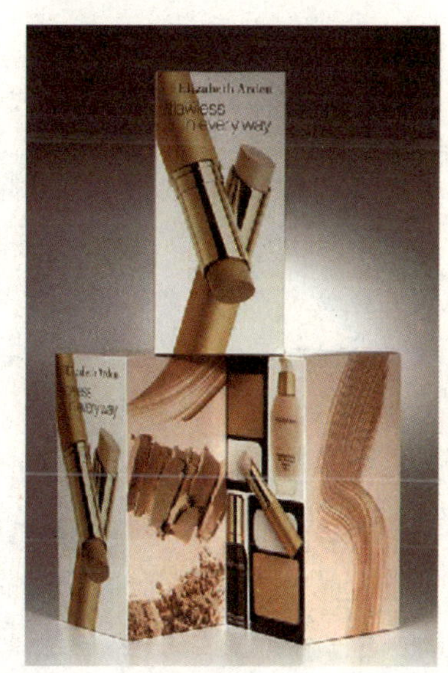

图5-1

Chapter 1
Chapter 2
Chapter 3
Chapter 4
Chapter 5
Chapter 6
Chapter 7
Chapter 8

图5-2 　图5-3 　图5-4 　图5-5

图5-6 　图5-7 　图5-8 　图5-9

图5-10 　图5-11

二、包装材料发展趋向

可以说，一种新材料的出现，会使一种包装形式具有鲜明的时代标记，如从19世纪开始，随着工业化的发展，包装材料逐步丰富多样起来。1800年出现机制的木箱；1818年制成了镀锡的金属罐；1856年英国发明了瓦楞纸，1871年瓦楞纸得到应用；1895年金属软管应用于牙膏、药膏等；1909年瑞士化学家发明了玻璃纸，并于1924年此技术传到美国，由美国杜邦公司应用于食品包装；1927年发现了聚乙烯，并于1930年广泛应用于包装；20世纪后半期，铝箔应用于冷冻食品包装；1950年美国开发了层压技术，从此开创了复合材料的新时代。

新材料的开发，不仅越来越具有更高的科技含量，更加科学合理、安全可靠，也更加注重有益健康和无害，更加充分考虑环保、再利用等方面的因素。目前，资源的消耗和环境保护已成为全球生态的两大热点问题，这就给与现代包装密切相关的包装材料提出了新的要求。在以往的包装中，包装制造所用的材料大量地消耗着自然的资源；在包装生产的过程中，一些不能分解的有毒物质会造成对环境的污染；数量巨大的包装废弃物也是造成环境污染的重要污染源，这些因素助长了自然界的恶性循环。因此可回收利用、环保的新型复合材料受到世界的青睐。如牛奶、果汁饮料类包装采用纸塑复合材料替代玻璃、金属等材料，大量节省了包装能源成本，同时，又较好地保持了食品的风味和质量，并赋予了它时代的美感。

设计师在设计时，应解决好产品和包装的合理定位，避免华而不实的包装，尽量采用高性能包装材料和高新包装技术，在保证商品质量的同时，尽量减少包装用料和提高重复使用率，降低综合包装成本，注重生态环境保护，使产品包装与人及环境建立一种共生的和谐关系，不断开发可控生物降解、光降解及水溶性的包装材料，在推出新型包装材料的同时，同步推出其回收再利用的技术，把包装对生态环境的破坏降低到最低的程度。作为一名现代设计师，要掌握新材料的特性，并能准确地把握各种材料的美感，巧妙地应用这些材料，使包装达到出奇制胜的效果（图5-12～图5-30）。

图5-12

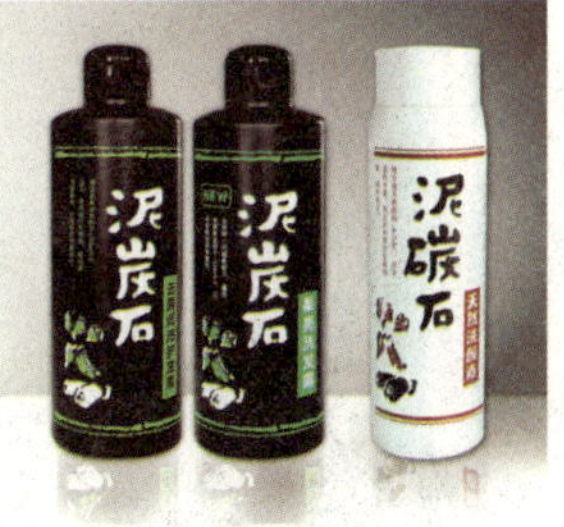

图5-13

图5-14

图5-15

图5-16

图5-17

图5-18

图5-19

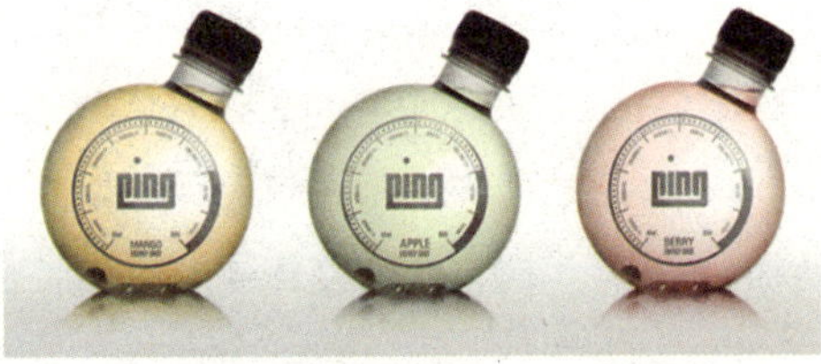

图5-20

图5-21

图5-22

图5-23

图5-24

图5-25

图5-26

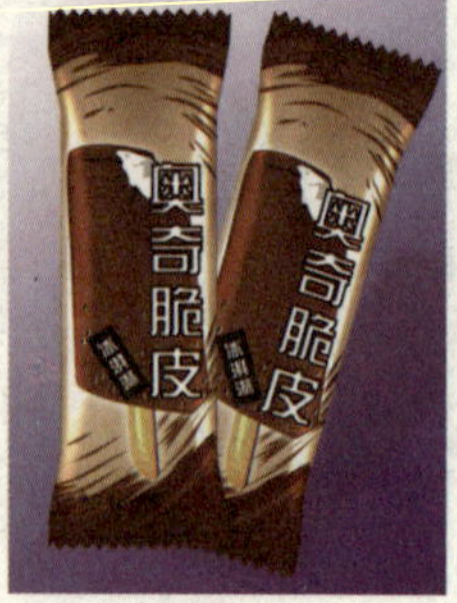

图5-27

图5-28

图5-29

图5-30

第二节 包装与印刷工艺

印刷在人类文明与信息传播的过程中扮演着重要的角色，并与现代包装设计有着密切的联系，可以说包装的发展是伴随着印刷等技术的发展而发展起来的。包装中色彩斑斓、图案丰富的视觉效果是通过印刷和工艺来实现的。对于设计师来讲，在对一个作品定位、构思的同时，就应该考虑它的印刷制作问题。早期人们设计包装的手法主要采用手绘的效果，随着电子计算机的普及与应用，电脑设计逐渐取代手工操作，电子设备与印刷之间的交流日益频繁。

一、包装印刷的主要类型

1. 平版印刷

平版印刷又称胶印，是基于油和水互斥原理的工艺，是一种最常用的印刷方法。具体方法是把平版上的图像印到一个橡皮胶印滚筒上，再由滚筒把图像印到纸上。胶印机有多个印刷装置，每一个装置传送不同的颜色（图5-31）。

图5-31　平板印刷机

2. 凸版印刷

凸版印刷是一种最古老的印刷方式。它的应用原理很简单，就好像盖图章，凸起的地方着墨，直接印在承印物上。所以就其表现力来讲受到很大的制约，它不能印制多层次、色彩丰富的印刷品，而对于处理大面积颜色却能发挥它的优势。凸版印刷机见图5-32。

图5-32 凸版印刷机

3. 凹版印刷

凹版印刷是一种快速发展的印刷方式，它是通过滚筒印刷机装有一个表面带浸蚀板的滚筒，浸蚀板将涂了墨水的蚀刻图像直接压印到纸上。凹版印刷可以制作出效果非常好的图像印刷品，但由于制作浸蚀板成本很高，因此凹版印刷经常被用来印制印量很大的作品，如邮票、包装材料等。凹版印刷机见图5-33。

图5-33 凹版印刷机

4. 柔版印刷

柔版印刷是近些年来兴起的印刷门类，它是一种用卷筒材料进行的连续的印刷方式，其主要特点是设备结构简单，易形成生产线，使用水性油墨，无毒无污染，对于保护环境有利，而且柔印几乎可以印刷所有的印刷品和使用所有的承印物。特别在包装印刷中的瓦楞纸印刷有独到之处，并成本较低。柔版印刷机见图5-34。

图5-34 柔版印刷机

5. 丝网印刷

丝网印刷是使用网目漏色方式的印刷方式，由于其可印幅面的灵活性，大到大型广告、小到名片都可以印刷，因此备受青睐。而且可以在纸张、棉布、丝绸、塑料、玻璃、木材、金属等各种材质的承印物上印刷，因此在包装设计中得到广泛的应用，尤其在包装容器的瓶体印刷上。丝网印刷机见图5-35。

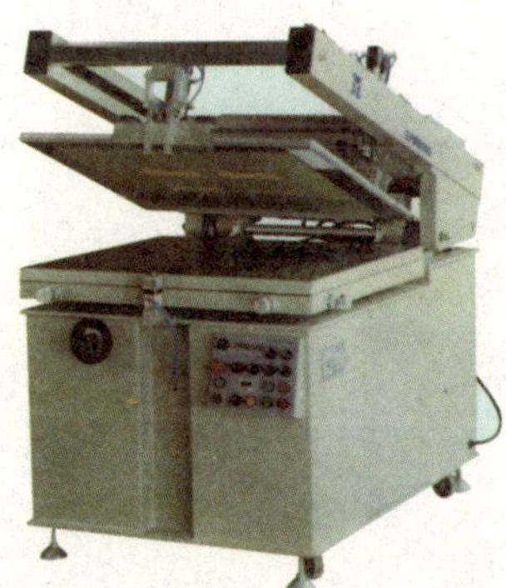

图5-35 丝网印刷机

6. 数码印刷

数码印刷是一项综合性很强的技术，涵盖了印刷、电子、电脑、网络、通讯的多个技术领域。所谓数码印刷，就是电子档案由电脑直接传送到印刷机，从而取消了分色、拼版、制版、试车等步骤。它对于印量不大（不足1000份）的四色印刷作业非常有效，因为在这种情况下，准备时间长以及费用高的缺点使得传统的四色印刷受到限制。而且它把印刷带入了一个最有效的方式：从输入到输出，整个过程可以由一个人控制，实现一张起印，真正把印刷带入了一个全新时代。数码印刷机见图5-36。

图5-36 数码印刷机

二、包装印刷的相关工艺

二维的设计作品经印刷后不能马上形成三维的包装成品。需经过包装后加工程序，如彩箔烫印、模切、压印、打孔、压膜等工艺，有的还需要根据设计要求进行特殊工艺的加工（如烫金银、印凸凹、过UV等，这要视具体的设计而定），然后再经过机器或人工的制作，方可呈现人们熟知的效果。通常人们会利用某些特殊工艺体现产品的高档性，合理运用特殊工艺是可以给设计作品增添意想不到的视觉效果，但如果过度使用，不仅不会得到良好的视觉效果，反而会给人低档的感觉。

三、有关包装设计在印刷中出现的常见问题

1.关于印刷色

印刷色就是由不同的C、M、Y、K的百分比组成的颜色，C、M、Y、K就是通常采用的印刷四原色。在印刷原色时，这四种颜色都有自己的色版，在色版上记录了这种颜色的信息，把四种色版合到一起就形成了所定义的原色。我们得到的视觉印象就是四种颜色的混合效果，于是产生了各种不同的颜色。

2.关于印刷模式

电子文件做好后要将其转换为印刷四色模式（即CMYK模式），以便在制版时能够正确分色。随着印刷技术的发展，现在人们可以通过印前扫描设备将原稿颜色分色、取样并转化成数字化信息，即利用同照相制版相同的方法，将原稿颜色分解为红（R）、绿（G）、蓝（B）三色，并进行数字化，再用电脑通过数学计算把数字信息分解为青（C）、品红（M）、黄（Y）、黑（K）四色信息。

3.关于图像的分辨率

由于图像的用途不一，因此应根据图像用途来确定分辨率。如一幅图像若用于屏幕上显示，则分辨率为72Dpi或96Dpi即可；若用于600Dpi的打印机输出，则需要150Dpi的图像分辨率；若要进行印刷，则需要300Dpi的高分辨率才行。图像分辨率设定应恰当：若分辨率太高的话，运行速度慢，占用的磁盘空间大，不符合高效原则；若分辨率太低的话，影响图像细节的表达，不符合高质量原则。

4.关于文件的格式

如果你是使用PHOTOSHOP软件做图像处理，待设计完稿后应将文件转化为TIFF格式，以便其他印刷软件的应用。TIFF是带标签的图像文件，用以保存由色彩通道组成的图像，它的最大优点是图像不受操作平台的限制，无论PC机、MAC机还是UNIX机，都可以通用。它可以保存Alpha通道，可以在一个文件中存储分色数据。

5. 关于设备及软件

图5-37　彩色打印机

目前应用的彩色桌面版系统设备和软件有如下几种。

图文输入部分设备：扫描仪、数码照相机、计算机。

软件：设备驱动软件及MAC和PC机的操作系统。

图文处理部分设备：计算机。

图像处理类软件：Photoshop、Painter。

图形类软件：Illustrator、FreeHand、CorelDraw。

排版软件：InDesign、PageMaker、QuakXpress。

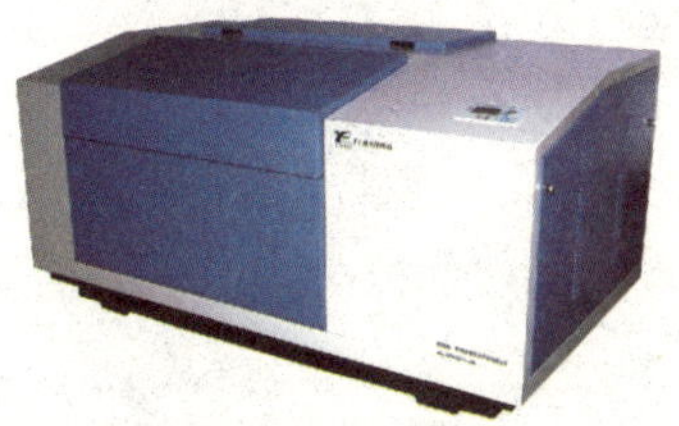

图5-38　激光照排机

图文输出部分设备：计算机、彩色打印机、激光照排机、激光打印机、冲版机、直接制版机、直接数字印刷机等（图5-37～图5-41）。

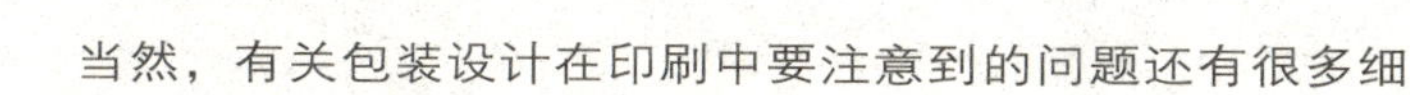

当然，有关包装设计在印刷中要注意到的问题还有很多细节，只有在具体的包装实践中积极思考，注意新知识的学习和经验的积累，才能得心应手，把好的设计体现出来。

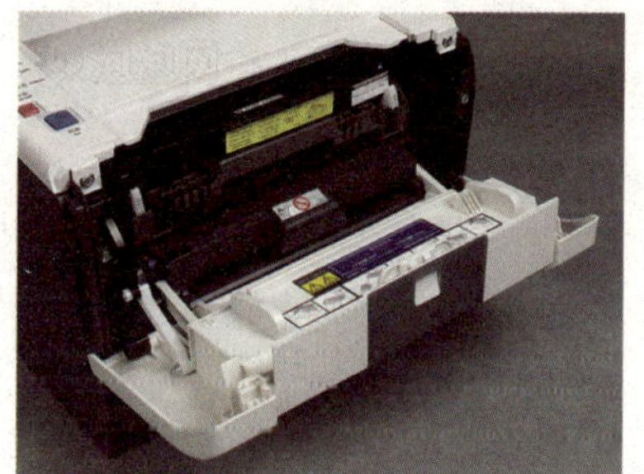

图5-39　激光打印机

图5-40　冲版机

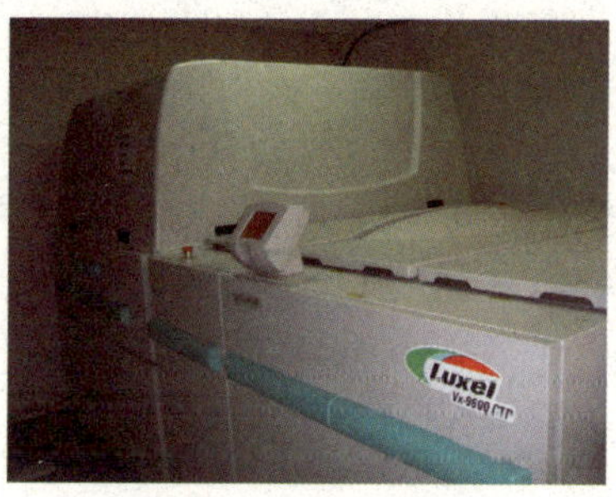

图5-41　直接制版机

第三节 包装装潢设计

包装装潢是依附于包装立体上的平面设计，是包装外表上的视觉形象，由文字、摄影、插图、图案等要素构成。有的纸盒面本身亦是反映商品信息的一个整体，然而作为一个纸盒的六个面而言，又是局部的形象。同样容器标贴的设计，不仅注重于一个标贴设计，还要关心标贴与容器的形状，标贴与标贴之间的相互关系。所以说包装装潢的设计在某些方面和广告设计很相似，然而还要注意到其他的方方面面，使整个包装形成一个整体（图5-42～图5-47）。

图5-42

图5-43

图5-44

图5-45

图5-46

图5-47

一、主展面的设计

假如一个纸盒有六个面，通常需要装潢五个面（底面不需装潢），一个容器有一到三个标贴，最多的达五六个之多。它们之间也不是同等对待，随着展销面积的不同，为了能吸引消费者的视线，而决定其中的主要展面设计。主要展面总是出现面对消费者的一边，以其定位的方法，推敲商品名、商品形象、生产厂家等排放位置，让人一目了然。

由于主要展面的面积相对较小，同时本身就是商品形象，装潢的画面要迅速把商品介绍给消费者，采用文字和特写形象的手法直接表现出来，在同类商品中首先跳入消费者的眼里。主要展面常常出现醒目的牌名和商标；出现几个新鲜可口的水果，一杯诱人的饮料，一缕随风飘动的长发。甚至采用开天窗的方法，直接展示商品的形象，增加其宣传作用。在包装装潢设计中，主要展面起着广告的龙头作用。

二、整体设计

主要展面不应该是孤立的，在包装的整体上，它仍然是一个局部，并且是一个重要的局部。包装是立体物，人们看到的包装是多角度的。在考虑主要展面的同时，还要考虑和其他面的相互关系。考虑到整个包装物整体形象。通过文字、图形和色彩之间连贯、重复、呼应和分割等手法，形成构图的整体。

（1）一个纸盒包装的正面和反面称为主要展面。但是如果侧面的宽度与主展面相等，也有时采用相同设计，成为完全一样的“主展面”，不管什么角度都得到统一的感受。

（2）包装展示以正反面为主，侧面展现商品的成分、功能、质量和使用说明、保存期限、各主管部门的批号等说明性的文字。从形式要素和构成方式上，要有所联系又有所区别，产生节奏性的变化，并体现科学和质量的保证。

（3）以文字、摄影、插图和图案跨面排列，把几个面联系为一个主体，一个大的“主展面”的画面也是完整的。这种设计在商店陈列时，利用不同的组合，形成一个大的广告画面，达到强烈的视觉效果，发挥POP的宣传作用（图5-48～图5-50）。

图5-48

（4）容器的标贴一般分为身标、胸标、肩标、腹标、颈标、顶标和盖马标等。一件容器上贴1 ~ 3个。标贴的形状多种多样。身标、胸标、腹标有扁形的、椭圆形的、长方形的，有根据容器形态所决定的形状，也有围绕着容器贴一圈的。肩标、颈标大都是长方形、扇形、椭圆形、圆形等。标贴选用的多少、形状和大小与容器的形状有着很大关系。容器主要标贴一般指身标、胸标、腹标，三者按设计需要采用，因为相对而言其面积最大。有的容器就用此标，与瓶盖形成呼应。也有的容器（主要指酒瓶，见图5-51 ~图5-56）加上装饰肩标和颈标，还有的把顶标、颈标、肩标连为一起，没有胸标、腹标，形成主要标贴，形式多样。

图5-49

图5-50

图5-51

图5-52

图5-53

图5-54

（5）标贴的色彩设计也离不开与容器的关系，离不开标贴之间的关系，离不开与瓶盖的关系，一般追求标贴底色与容器色彩的一致性，突出牌名和图形。女性化妆品大多用白色的容器，配上白色的标贴，以精致的线条边框，典雅的黑色字体，显得洁净高雅（图5-57、图5-58）。而黑色的白兰地酒，配上黑色的标贴，金色的古罗马体、花体，给人以庄重高贵感。强调标贴和容器的色彩对比，标贴底色运用黑、白、金、银和其他比较饱和的色彩与容器拉开明度及色相的对比，造成强烈、活泼的效果。直接把商标、牌名印在容器上，也是一种方法。

图5-55

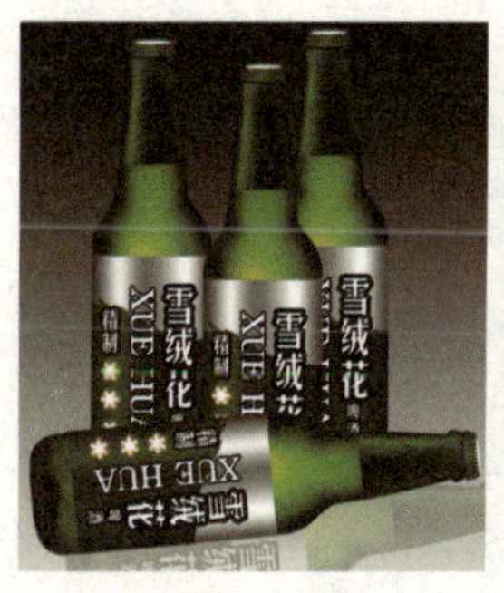

图5-56

图5-57

图5-58

（6）包装的整体设计，还被运用在盒包装和容器的协调之上，盒包装和瓶贴采用相同的设计，只是构图少许变动，两者大的色调形成对比，但在牌名等字体上又作呼应；盒包装上出现容器的形象，而容器标贴上又重复纸盒的部分设计。

图5-59

总而言之，包装装潢的设计要围绕一个主题思想，从整体入手，从大处着想，符合简练、个性、美观的准则，符合商品的特性和消费心理的要求（图5-59 ~图5-66）。

图5-60

图5-61

图5-62

图5-63

图5-64

图5-65

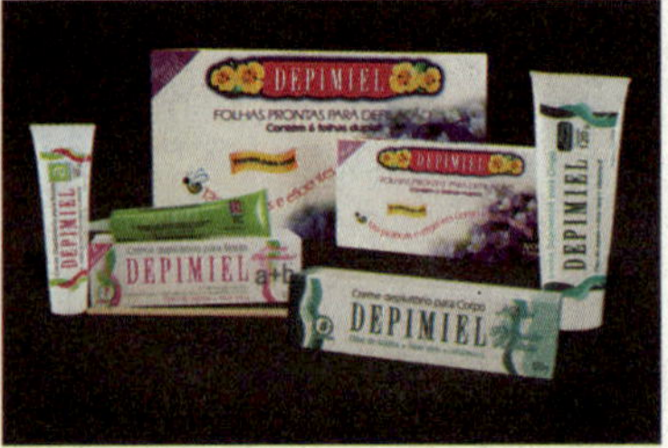

图5-66

第四节 漫谈工厂包装机构的流程

在工厂企业中，包装工作是产品加工的最后一道工序，是保护商品安全储运的必要条件，所以包装工作是商品生产中一个不可忽视的重要组成部分。由于商品与包装之间存在有不可分割相互依存关系，所以在工厂中如何设置包装机构是非常重要的。

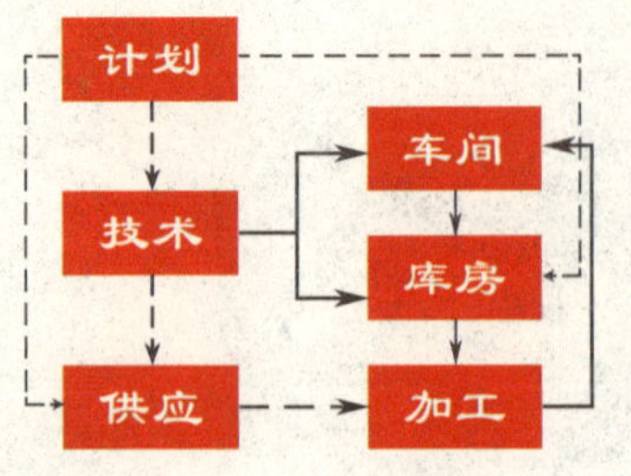

图5-67　工厂包装机构程序

包装机构设置得合理与否，会直接影响生产进度和经济效益。目前，大多数工厂企业的包装工作是由包装计划、设计、加工、供应、使用及储运六个环节组成的，这六个环节又分别由六个职能部门负责。其机构和程序如图5-67所示。

通常情况是由计划部门提出生产计划和包装计划，下达给技术科、生产车间、供应部门及库房，同时由供应部门抄送一份给包装加工厂；然后，由技术科根据计划进度，设计“包装标准”和“装潢图样”，再分别下达给供应部门、生产车间，同时还得由供应部门将“包装标准”和“装潢图样”转交包装加工厂一份；最后，由供应部门按计划及包装标准同包装加工厂联系、商定包装物的加工制造。加工完成的包装物，由包装加工厂直接送交工厂库房及生产车间供包装使用。

工厂中如上述包装机构的“条条”设置法，显得臃肿庞杂、文件传递曲折、信息反馈闭塞，容易产生设计与使用脱节的现象。一个包装标准下发直到车间使用以前，设计部门很难掌握包装标准实施的准确性及可行性，包装成本费用也不能得到控制，包装物的加工质量得不到提高，严重地影响经济效益。当出现一些问题和漏洞时，各部门之间很容易产生“扯皮”现象，如：设计部门强调标准和规范，供应部门则强调改进就得多批费用，销售部门则强调设计不合乎客户对包装的特殊要求而影响发货，这样不仅影响生产进度、影响工厂的信誉，而且使包装方面出现的问题得不到及时解决，甚至产生“恶性循环”。这样的包装机构设置是不适应现代化企业生产发展需要的。

体制机构的设置会直接影响企业的经济效益，当然这里面还有一个科学管理问题。在工厂机构管理中，必须重视对包装机构设置的合理性与科学性的分析和研究，改革包装机构，组成一支看得见、抓得着、办事效率高、处理问题快的专业队伍。

工厂企业的包装机构设置，应改变“条条”结构，而集中工厂包装各环节的专业人员，成立“包装科室”，下设计划、设计、供应、管理业务，统一组编管理包装标准技术文件。包装科室业务由工厂的经营厂长及总工程师直接领导，进行整个工厂的包装活动。由包装科室按计划进度设计包装及其装潢，预算包装成本费用，负责加工和联系加工并对包装物组织和生产，从而形成一个实体，其机构程序如图5-68所示。

这样改革设置的包装机构，其特点是将分散的包装计划、包装设计和包装管理、供应业务，集中一个部门，实行统一领导。

这种形式的包装机构设置，具有很大可行性和优越性：

（1）可以改变工厂中对包装工作多层、多头领导及混乱状况，简化了机构和层次，便于集中领导，职责和权利分明，防止部门间的互相推诿扯皮现象。

（2）有利于工厂对包装工作改进和对包装新技术、新材料、新工艺、新设备的研究与应用，不断发展包装事业，适应现代化发展的需要。

（3）可以对包装科室实行按产量核定产品包装费的管理办法，大力提高包装质量、降低包装成本费用，提高工厂经济效益。

（4）通过包装科室直接与用户见面，可以及时了解和处理包装方面的信息及质量反馈，更好地为用户服务。

（5）有利于工厂对包装物的管理与使用，避免包装物过时而造成积压浪费；企业资金合理利用，使包装费用有效应用于生产。

（6）可有效地对工作人员进行集中技术培训，参加技术交流，推动整个包装业务的发展和提高。

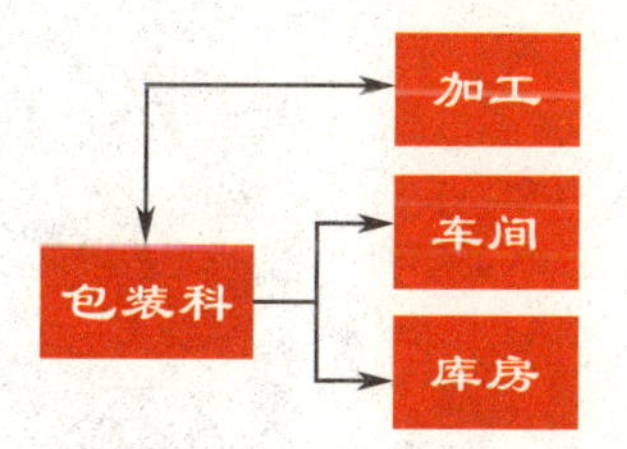

图5-68　改革后工厂包装机构程序

Chapter 6

第六章

系列化包装的视觉设计

系列化包装最早出现于20世纪50年代。第二次世界大战结束之后，由于现代商品生产的高速发展，同类商品的花色品种日渐增多，市场竞争日趋激烈，单一的商品形象被琳琅满目、五光十色的众多商品冲击、淡化、淹没。在此形势下，系列化包装设计则对于树立企业群体产品等鲜明的整体形象、信誉和提高竞争能力大有好处，普遍受到设计界和生产企业的重视。特别是超级市场出现后，一系列的集团公司、跨国公司纷纷涌现，他们把产品包装的系列化设计作为增强其品牌战略的重要手段之一，并取得了良好的视觉效果。系列化包装成为现代企业包装发展的主要趋向（图6-1 ~图6-6）。

图6-1　图6-2　图6-3

图6-4

图6-5

图6-6

第一节 系列化包装的理念

系列化包装又称家族化包装，这种商品包装设计给人以整齐划一的视觉效果，整体有序地呈现于市场。对于消费者来讲，易于识别辨认；对企业来说，优化了产品的多样性、组合性、统一性。它的主要做法是：同一制造商、经销商将同一牌号的同种或同类商品，采用同一商标图案、同一标准字体、同一形式格调的设计，构成包装的共同特征，由于一种视觉形式的反复出现，加深了消费者对商品的印象，从而达到促进销售的根本目的。系列化已成为当今包装设计的一个主流方向，在商品销售市场中占有一定的比例并呈现出以下的营销优势。

一、有助于企业品牌的树立与推广

系列化包装配套是在形成统一视觉阵容下，强化品牌意识，增强传达效果，通过同一企业的多种产品，以商标为中心，在多样统一的原则下，使同一企业产品的单一包装，有机地统一、联系、组合成为系列化群体。这种重复设计的目的是加强消费者对商标和企业的印象，提高知名度、美誉度和信赖感，是建立市场形象，树立名牌商标的有利武器（图6-7～图6-12）。

图6-7

图6-8

图6-9

图6-10

图6-11

图6-12

二、良好的陈列与展示效果

系列化包装强调整体设计，强调商品群的整体面貌。因此，声势大、特点鲜明、整体感强，在一般商场、超级市场货架上，系列化包装大面积地占据展销空间，产生压倒其他商品的冲击力。系列化包装所呈现的群体美、规则美和强烈的信息传达，有利于与其他产品竞争。这种系列的效果，能使消费者立即识别其标记和品名，从而达到印象深、记得牢的效果，避免无计划设计的各自为政、风格不一、互不联系、形不成整体效果等缺点。

三、有利于提升广告宣传的价值

随着社会的发展，广告环境也在发生着巨大的变化，其中一个最重要的变化就是广告从以前"广而告之"意义上的广义动作向更加重视企业产品包装品牌的管理、构筑强势名牌形象过渡，系列化包装设计的家族特性，在商品宣传中可取得以一当十的效果，如一个有影响的名牌产品能带动一批产品的生产和销售。只要集中精力扶植品牌宣传，就能得到既减少广告开支又加强商品宣传的效果。因此系列包装的整体动作模式可以大大地提高广告效果的附加值（图6-13～图6-17）。

图6-13

图6-14　图6-15　图6-16　图6-17

四、有利于新产品的开发

图6-18

当一项产品在销售中获得消费者的信任，很有可能引起重复购买。就好像消费者若对一个系列中某一件产品有信任感，也会对系列中的其他产品产生好感。这种统一的视觉形式带给商品优秀的品牌形象，从而刺激了购买欲。因此对产品的开发和市场的扩大产生良性循环的效果。

图6-19

因此，系列化包装的迅速发展，说明了现代商品包装设计发展的趋势，即在追求包装设计多元化、多样化、个性化的前提下必须使其形成有机的整体。这也是超越个别、超越局部的形式要求之上的相互联系、总体要求和综合标准。同时也说明了这种包装形式顺应了经济和市场发展的需要，顺应了广大消费者的物质和文明的需要（图6-18～图6-22）。

图6-20

图6-21

图6-22

第二节 系列化包装的视觉传达设计形式

系列化包装在设计上强调不同规格或不同产品的包装在视觉形式上的统一性，它追寻一种整体的视觉效果，但又不是同种商品等量同型的重复组合。因此，在体现企业多种商品包装特定统一视觉特点的前提下，还要体现不同商品的特有个性，在统一中求变化，从而得到既变化又统一、丰富多彩的包装视觉效果。

系列化包装的表现形式多种多样，那么如何在包装视觉设计上体现系列化呢？系列化的形成可以通过造型、色彩、构图形式等体现，这里归纳几种仅供参考。

图6-23

一、不同规格与不同内容的多种商品系列化包装

对于规格多样、内容又不相同的产品要想形成系列包装，主要将品牌商标作为系列表达中心，通过统一的品牌形象、统一的主题文字字体、统一的表现手法来形成系列化。同时包装的造型与色彩可以根据实际需要进行灵活设计，保持了丰富多样的不同商品特点，是树立品牌体系的有效手段（图6-23～图6-29）。

图6-24

图6-25

图6-26

图6-27

图6-28

图6-29

二、同类商品、多种不同容量规格的系列化包装

图6-30

对于具有不同规格的同类商品，可采用相同的造型、图案、文字、色彩来形成包装的系列感。这种形式统一感强，完全靠不同的容量规格创造统一中的变化，有利于突出商品的独特形象，满足消费者对不同量的购买需求（图6-30～图6-36）。

图6-31

图6-32

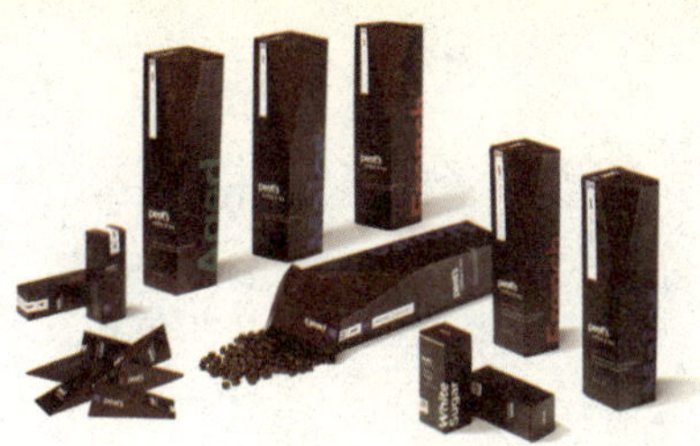

图6-33

图6-34

图6-35

图6-36

三、不同品种的同类商品系列化包装

对于具有不同品种的同类产品，可以通过相同的构图形式、表现手法、品牌名、造型来形成系列感，通过区别以不同产品内容的图形、商品名称、色彩等达到统一多样的系列化效果。如各种口味的水果饮料、果冻等食品（图6-37 ~图6-44）。

图6-37

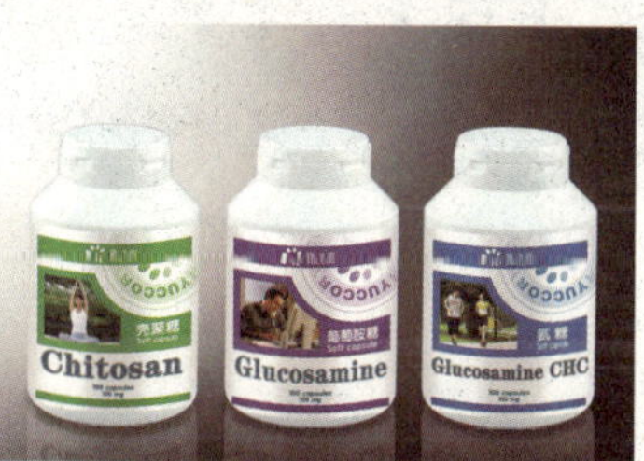

图6-38

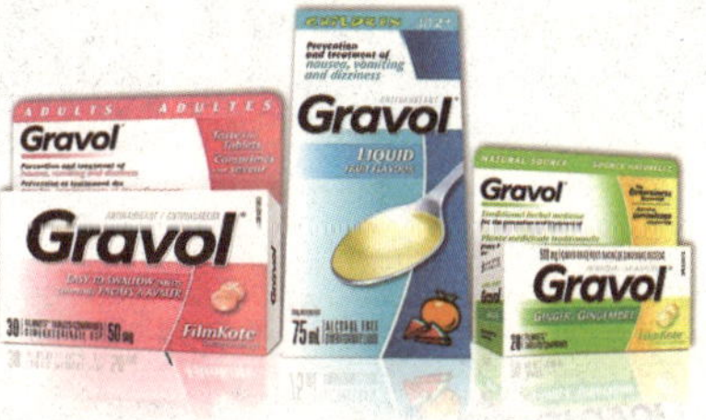

图6-39

图6-40

图6-41

图6-42

图6-43

图6-44

Chapter 1
Chapter 2
Chapter 3
Chapter 4
Chapter 5
Chapter 6
Chapter 7
Chapter 8

四、容器造型、规格相同的同种商品系列化包装

对于容器造型、规格相同的同种商品，可采用相同的构图形式、表现手法，相同的图形、文字等形成系列感，只通过改变包装的色调来进行变化。如集中陈列展示可形成丰富多彩的系列化效果（图6-45 ~图6-59）。

图6-45

图6-46

图6-47

图6-48

图6-49

图6-50

图6-51

图6-52

图6-53

图6-54

图6-55

图6-56

图6-57

图6-58

图6-59

五、多品种不同造型的系列化包装

对于同一企业不同形态、不同规格的不同产品，除采用统一的商标、字体外，采用同类型的构图形式和表现手法，使其形成统一的系列化特色的同时，在造型、规格、色彩上，赋予商品灵活多变的特点（图6-60 ~ 图6-64）。

图6-60　图6-61

图6-62　图6-63　图6-64

六、同类产品组合性系列包装

将几种同类产品组合配套设计成系列包装；或将数种品牌产品，在不改变原有包装形式的基础上，重新组合配套。这种类型主要是将几种不同的产品分别包装，再组合配套装在一个包装容器中，达到多样统一的系列化效果（图6-65 ~ 图6-74）。

图6-65

图6-66

图6-67

图6-68

图6-69

图6-70

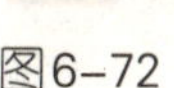

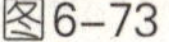

图6-71　图6-72　图6-73　图6-74

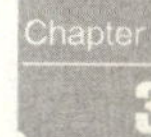

总之，从包装的功能和艺术表现上讲，系列化包装同其他商品包装的基本原则没有区别，不同之处在于突出强调包装视觉上的系列化特点。就其变化的丰富性，表现的多样化和整体的感召力上可见其在市场竞争中的重要地位。因此，探索和研究系列化包装的系列化特点与表现商品特性之间的形式关系和手法，其目的是适应现代商品经济发展和消费者审美趋向的需要（图6-75～图6-81）。

图6-75

图6-76

图6-77

图6-78

图6-79

图6-80

图6-81

第七章 绿色包装设计

Chapter 7

人类步入20世纪90年代的时候，高科技时代随之到来，此时，人们普遍认识到自身发展所赖以生存的环境的重要。由此衍生出了“绿色包装”（Green Package）概念。

第一节 绿色包装的理念

图7-1

“绿色包装”有人称其为“环境友好包装”（Environmental Friendly Package），即包装产品在生产和使用过程中对人体和环境无危害，而且能够循环再生利用或能自然降解的适度包装。它涵盖了多方面的内容：人类自身健康安全意识；可持续发展的设计思想；自然及其舒适简约的设计理念。因此，包装设计在这一理念的支配下，向“轻量化”、“小体积”的方向发展。其功能不仅仅限于能够容纳、保护、促销及成本等要素，更重要的是使产品与包装材料向着“无污染的”方向发展。因此既节约能源又不致破坏生态环境的环保意识设计，就成为20世纪90年代包装设计的一种新导向（图7-1～图7-7）。

图7-2

图7-3

图7-4

图7-5

图7-6

图7-7

早期推行“绿色包装”的国家主要是在包装材料方面入手，如德国制定了“循环经济法”，来促进包装材料的回收；丹麦率先实行“绿色税”制度；很多国家要求制造商、进口商与零售商负起将包装材料回收利用与再制造的责任。目前，在经济发达的国家，使用具有环保功能的消费品已越来越成为人们的自觉行为，许多发达国家还相继制定了若干绿色包装有关的法律法规。国际标准化组织于1997年到2000年的短短4年里，就发布了24个ISO/CD14000环境管理标准，严格、严谨、系统、科学地规范了人类环境保护的准则和条件，有力地推动了全世界绿色工程的健康发展。包括包装在内的产品绿色标志首先在欧洲出现，成为国际贸易中非关税壁垒、技术壁垒的重要内容之一。“绿色包装”已渐渐成为国际潮流，反观中国的国情，我们有必要也有责任把推行“绿色包装”的问题放在首要地位，并将其进行到底。

在绿色包装发展的过程中，对于包装材料的环保性是世界各国共同关注的问题。目前，在国内外市场风行以及使消费者最为青睐的“绿色包装”中，有纸包装、可降解塑料包装、可食性包装材料等。这些包装都有利于环境保护，同时其废弃物都可回收利用。我国目前已将可食性包装材料用于果蔬包装保鲜。随着科学技术的快速发展和人们对环境保护的日益关注，绿色包装材料正向更加优良的功能性发展。

另外，绿色包装同其他绿色制品一样，按一定的生命周期构成生态自然循环，形成绿色循环链。绿色包装的结果是取之自然又回归自然，使人类能获得良好的自然环境、自然资源及其长久的支持。绿色包装循环链任何一个环节，都以绿色的内容形成各自的基本形态，形成绿色的系统。特别是系统的末端，其绿色需要人们和社会的绿色意识、绿色管理、绿色的法规和绿色的行为给予支持和保证。否则，绿色系统难以形成，并最终遭到破坏（图7-8 ~图7-11）。

图7-8

图7-9

图7-10

图7-11

第二节 绿色包装的材料

绿色包装材料的研制开发是绿色包装最终得以实现的关键。绿色包装材料主要包括以下五种。

一、轻量化、薄型化、无氟化、高性能的包装材料

主要是对现有的包装材料进行开发、深加工，在保证实现产品包装基本功能的基础上，改

革过分包装，发展适度包装，尽量减少使用包装材料，降低包装成本，减少包装材料废弃物的产生量。如采用新型的纸质材料部分地代替金属包装材料，如可代替马口铁罐作为涂料、小五金、黄油等的包装容器（图7-12 ~图7-23）。

图7-12　图7-13　图7-14

图7-15　图7-16　图7-17　图7-18

图7-19　图7-20　图7-21

图7-22　图7-23

二、重复利用或再生的包装材料

包装材料的重复利用或再生利用是现阶段发展绿色包装材料最切实可行的一步，如啤酒、饮料、酱油、醋等玻璃瓶的多次重复使用，瑞典等国家实行聚酯PET饮料瓶和PC奶瓶的重复使用（可达20次以上）。再生利用是解决固体废弃物的好方法，并且在部分国家已成为解决材料来源、缓解环境污染的有效途径（图7-24 ~图7-30）。

图7-24　　图7-25

图7-26

图7-27

图7-28

图7-29

图7-30

三、可食性包装材料

可食性包装材料以其原料丰富、可以食用、具有一定强度等特点，在近几年获得了迅速发展。可食性包装材料现已广泛地应用于食品、药品等的包装。可食性包装材料的原料主要有淀粉、蛋白质、植物纤维和其他天然物质（图7-31 ~图7-37）。

图7-31

图7-32

图7-33

图7-34

图7-35

图7-36

图7-37

四、可降解包装材料

发展可降解塑料包装材料，逐渐淘汰不可降解的塑料包装材料，是目前世界范围内包装业发展的必然趋势，是材料研究与开发的热点之一。可降解塑料可广泛用于食品包装、周转箱、杂货箱、工具包装及部分机电产品的外包装箱。可降解塑料包装材料既具有传统塑料的功能和特性，又可在完成使用寿命以后，通过土壤和水的微生物作用以及阳光中紫外线的作用，在自然环境中分裂降解和还原，最终以无毒形式重新进入生态环境中。可降解塑料一般可分为生物降解塑料、生物分裂塑料、光降解塑料和生物/光双降解塑料（图7-38 ~图7-46）。

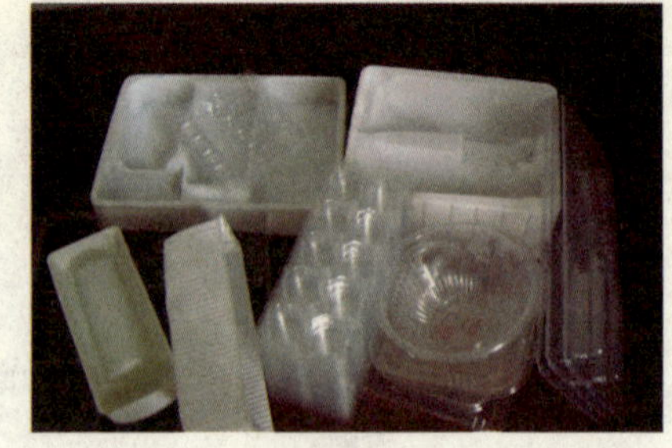

图7-38

图7-39

图7-40

图7-41

图7-42

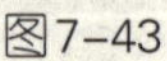

图7-43

图7-44

图7-45

图7-46

图7-47

五、利用自然资源开发的天然生物包装材料

塑料、玻璃和金属等包装材料的废弃物已成为污染环境的重要因素，并且因资源不可再生、能源消耗大而导致生产成本高。而用于包装的天然生物材料如木材、竹编材料、木屑、麻类、柳条、芦苇以及农作物茎秆、稻草、麦秸等在自然环境中均极容易分解，不污染生态环境，而且成本较低（图7-47 ~图7-50）。

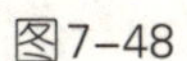
图7-48

图7-49

图7-50

第三节 绿色包装设计

绿色包装设计的内涵归属于“绿色设计”理念，它涵盖了多方面的内容：呵护生态，环保意识；人类自身健康安全意识；可持续发展的设计思想；自然及其舒适简约的设计理念。它从环境保护出发，旨在通过设计创造一种无污染、有利于人类健康、有利于人类生存繁衍的生态环境。因此绿色设计不仅仅是一种技术层面上的考虑，更重要的是一种观念上的变革，它要求设计师把环保功能列入包装功能设计中，使包装产品的废弃物易处理、易回收、易销蚀或易再生、重复使用，体现保护环境和资源再生的原则。同时放弃那种过分强调产品外观设计上标新立异的做法，将重点放在真正意义上的创新上面。

包装设计减量化，从源头减少包装废弃物，是世界公认的包装绿色化的首选途径。我们在进行绿色包装设计时应遵循3R1D原则、经济性原则。

一、3R1D原则

3R1D是国际上公认的绿色包装设计原则和方法，也是绿色包装的重要内涵。

1.Reduce原则

即减量化（或轻工化）原则。要求包装制品在保证包装、防护和使用功能的前提下，力求消耗材料量最少，以节约资源、降低能耗、降低成本、减少排放物和废弃物量。履行这条原则，包括优化结构，适量包装，以轻质包装代替重质包装，可再生资源材料代替不可再生资源材料，资源丰富材料代替资源匮乏材料等内容。

2.Reuse原则

即重复使用原则。多次重复使用的包装制品，既节约材料、降低能耗，又有利于环境保护。包装设计应优先考虑重复使用的可能性，在技术、材料及回收管理可行的情况下，实施重复使用的设计方案（图7-51 ~图7-59）。

图7-51

图7-52

图7-53

图7-54

图7-55

图7-56

图7-57

图7-58

图7-59

3.Recycle原则

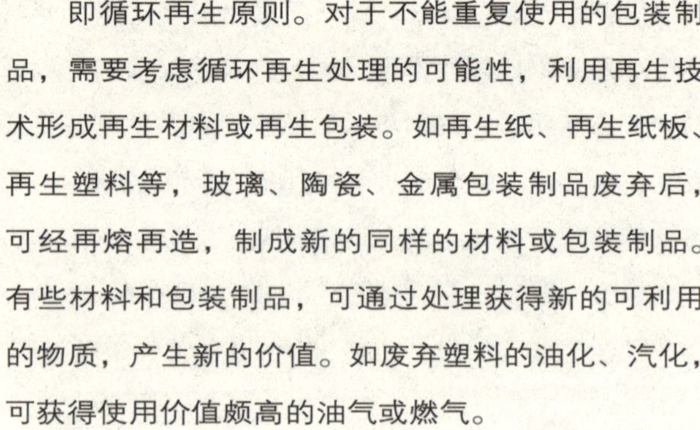

即循环再生原则。对于不能重复使用的包装制品，需要考虑循环再生处理的可能性，利用再生技术形成再生材料或再生包装。如再生纸、再生纸板、再生塑料等，玻璃、陶瓷、金属包装制品废弃后，可经再熔再造，制成新的同样的材料或包装制品。有些材料和包装制品，可通过处理获得新的可利用的物质，产生新的价值。如废弃塑料的油化、汽化，可获得使用价值颇高的油气或燃气。

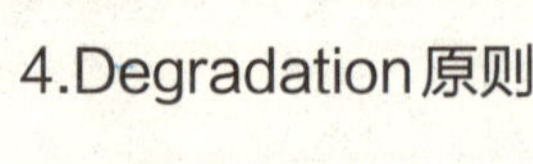

图7-60

4.Degradation原则

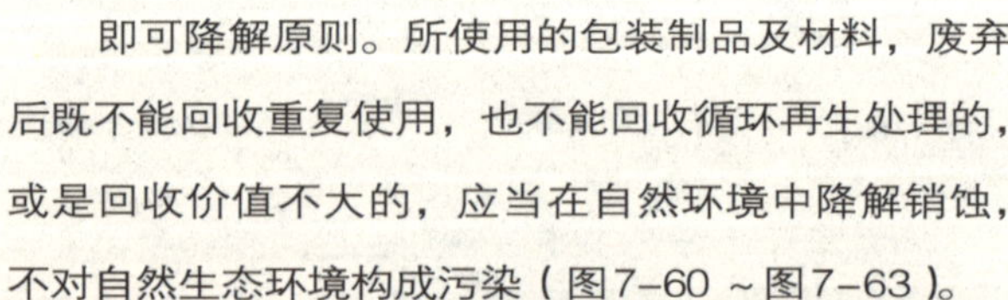

即可降解原则。所使用的包装制品及材料，废弃后既不能回收重复使用，也不能回收循环再生处理的，或是回收价值不大的，应当在自然环境中降解销蚀，不对自然生态环境构成污染（图7-60 ~图7-63）。

图7-61

图7-62

图7-63

二、经济性原则

图7-64

绿色包装设计应节省材料，减少消耗，降低成本，提高效益和增加竞争力。

基于上述原则，在具体的材料制作上应考虑以下几点。

（1）使用绿色包装材料，要以回收再利用的材料为主导并优先选用生态包装材料，注重新环保材料的开发。传统包装设计在选择包装材料时，主要侧重研究材料的性质和使用行为及其环境影响的程度，要求所选用材料制造的包装在满足对产品的保护性、广告性和说明性的同时，尽可能降低包装技术成本。而对包装材料对环境的影响，却缺少足够的重视。

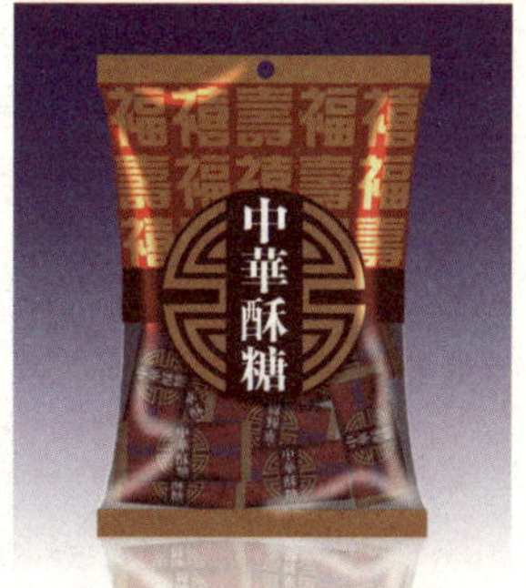

图7-65

基于可持续发展战略的包装设计，在选用包装材料时必须将其环保性能作为一个重要方面来研究。必须从可持续发展的战略出发，综合考虑材料的性能、经济和环境（包括资源、能源、环保）三大要素。也就是说必须充分考虑材料的环境协调性与材料的性能、成本之间的平衡关系。例如，人们熟知的糖果包装中的糯米纸、冰激凌玉米烘烤包装杯等，都是典型的可食性包装（图7-64 ~图7-70）。

图7-66

图7-67

图7-68

图7-69

图7-70

（2）使用绿色包装印刷，它是与包装不可分割的。最近欧盟要求包装物组成中的铅、汞、镉、六价铬、聚溴二苯醚和聚溴联苯的浓度积累必须低于100ppm（0.01%）开始受到我国包装界的重视。有些无机颜料含有铅、铬、铜、汞等重金属元素，具有一定毒性，不能用于印刷食品包装。印刷油墨中常使用乙醇、异丙醇、丁醇、丙醇、丁酮、醋酸乙醇、醋酸丁酯、甲苯、二甲苯等有机溶剂，既有毒又可燃，不利于环保、健康和安全。虽然通过干燥可以去除绝大部分有机溶剂，但是残留溶剂却会迁移到食品中，危害人体健康。因此，应在包装印刷中使用水性或醇类油墨和水性上光稀释剂，并对制版过程中使用的腐蚀液及重金属的电镀废液等无机物、照相胶片及胶印印版显影冲洗废液中含有的有机物进行有效处理，使之达到排放标准。

（3）给包装设计作减法。目前，许多国家都倡导适度包装并制定出相应法规。例如英国就对商品包装复杂豪华程度按照一定比例予以限制，超出要求则重罚、加税，迫使商家简化包装，减少环境污染。

以上种种，要求设计师要以一种更为负责的态度和方法去创造产品的形态，用更简洁、持久的造型，使产品尽可能地延长其使用寿命，同时传达绿色、人文的精神理念，从而在物质与精神两个层面为社会的发展做出自己的贡献（图7-71～图7-79）。

图7-71　图7-72　图7-73

图7-74　图7-75　图7-76

图7-77

图7-78

图7-79

【附录】国外关于绿色包装材料的法律规定

（1）以立法形式规定禁止使用某些包装材料。如立法禁止使用含有铅、汞和铜等成分的包装材料；不能再利用的器具；没能达到特定的再循环比例的包装材料。

（2）建立存储返还制度。许多国家规定，含酒精饮料及软饮料一律使用可循环利用的容器。有些国家（如丹麦）要求：若不能达到这一标准，则拒绝进口。

（3）实行税收优惠或罚金，即对生产和使用包装材料的厂家，根据其生产包装的原材料，或使用的包装中是否安全，或部分使用可以再循环的包装材料给以免税、低税优惠或征收较高的税负，以鼓励使用可再生的资源。

另外，欧洲和美国在包装废弃物的回收和处理方面也制定了相对完善的规定。德国在这方面走在了世界的前列，该国于1991年颁布的德国包装法，用国家法令的形式，规定了销售包装再循环率，对包装废弃物的回收、处理作了明确而严格的规定，提出了“谁污染，谁治理”的原则。法国一项关于家用包装废弃物的法令借用了德国的原理，规定：包装食品的制造商或进口商必须对家用废弃物的回收负责。他们或加入由政府支持的工业系统组织中去，或建立自己的回收系统，或参加一个存放计划。它没有制定特别的指标，所以在执行时更加灵活。这就是被欧洲其他国家视为楷模的法国系统。美国对城市固体废弃物的回收、利用，按照完全不同的方式进行。它更强调按照市场机制运行，强调对所有垃圾进行处理，而不仅仅致力于包装废弃物的处理；制定总的、有重点的再循环目标，而非针对每一种材料制定不合理的再循环比例和期限。

Chapter 8

第八章 作品赏析

第一节
瓶类包装

PROTECTOR
ENERGY & HEALTH
DRY ICE
PROTECTOR
PROTECTOR

evian
evian

apple juice
maracuja juice
pear juice
让嘴巴跳动的美味
PEAR JUICE
100% 百香果汁
让嘴巴跳动的美味
APPLE JUICE
100% 苹果汁
让嘴巴跳动的美味
PEAR JUIC

paul smith
sunshine
paul smith
sunshine

NINE
SPICE
RUB

FOOD LOVER'S
FOOD LOVER'S
FOOD LOVERS supports and stands for the good food, the gastronomical pleasure, a slower pace and quality of life and promotes regional food. It uses handcraft products, developed in a way that respects the environment as much as the people responsible for its production. Our goal is to offer quality food, tasty, home made, fresh, and straight from the farm, besides promoting sustainability. Buying our products you help the social integration work of the rural community of Catas Altas. Read more about the project on the side for this package.

SOLEA
SOLEA
SOLEA
SOLEA

simply
simply
simply
simply
aura
aura
aura

illy
illy
illy
LATTE
MACCHIA
CAFFÈ
PUCCIN

evian 2005

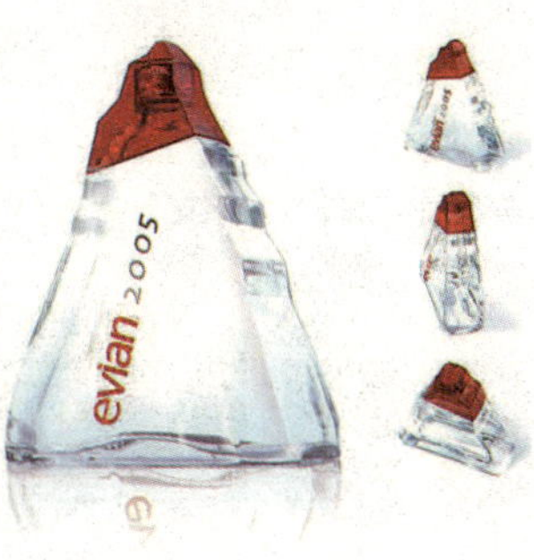

MASALA
KORMA
VINDALOO

CALVET
CALVET
CALVET
CALVET
CALVET

Cocktail Body Lotion & Body Wash
Intoxicatingly refreshing body lotion and wash that take on popular drinks.
Shrink-wrapped label and hangtag on shaker-shaped bottle.
All graphic and illustration are created in Illustrator.

CALVET
CALVET
CALVET
SAN JUAN
ARGENTINA
VINO BLANCO

PLUM

BEAST EYE

Minute Maid.
ACTIVE
750 mg
GLUCOSAMINE HCl
Minute Maid.
HEART WISE
REDUCE
CHOLESTEROL
Minute Maid.
MULTI-VITAMIN
16 VITAMINS
& MINERALS
idea98.cn

FLOWERBOMB
VIKTOR®ROLF

LACOSTE
ESSENTIAL

SEA SPRAY

CYPRESS BARK

TEA LEAF

Balholm

Balholm

Balholm

Balholm

Balholm

Mystique

Mystique

ephit
ephit
ephit

BALANS

BALANS

SPUTNIK
40%

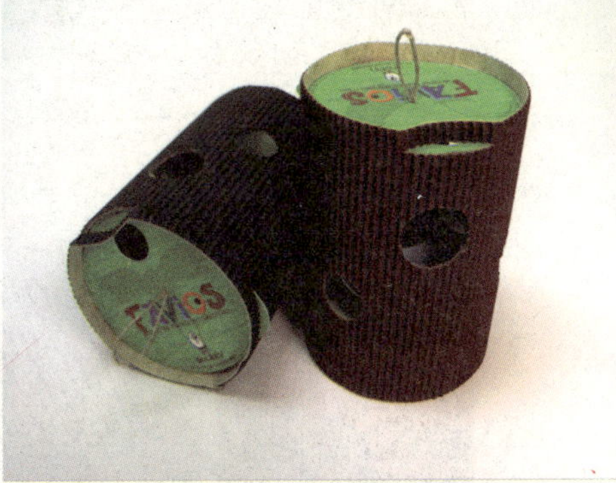

SAKE

SAKE
SAKE

SPICEOLOGY

RED ROSE
EXTRACT

LAVENDER
EXTRACT

DRUM
DRUM

第二节
纸盒类包装

NOT
A WEEK DAY
LIFE
STYLE
sola's

Milk light

ジパンクとはジパンクとはジパンクとはジパンクとは

swedish
original
crunchbread

KENZO

Cravendale
filtered for purity
1 Litre

Cravendale
filtered for purity
1 Litre

Cravendale
filtered for purity
1 Litre

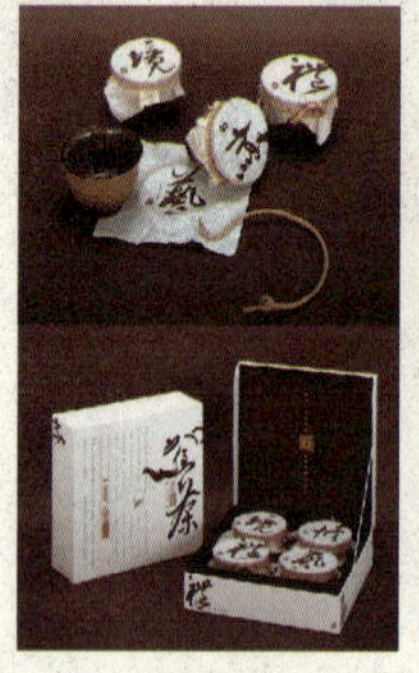

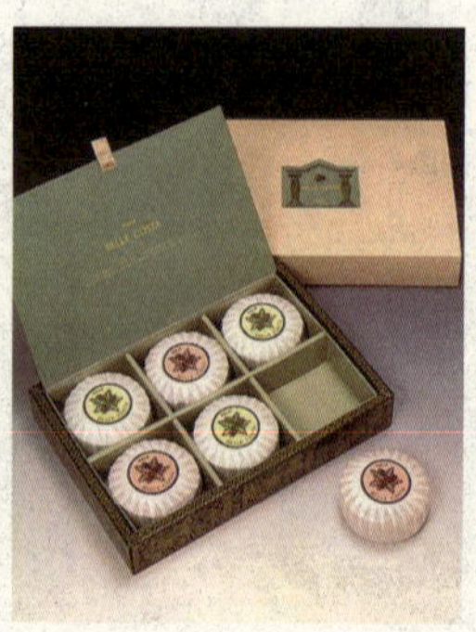

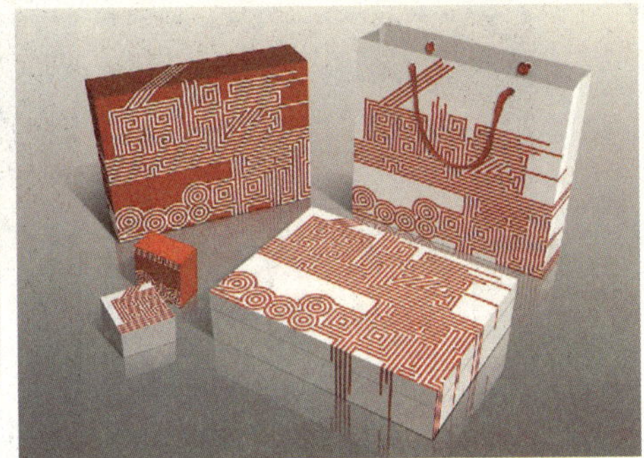

Chapter 1
Chapter 2
Chapter 3
Chapter 4
Chapter 5
Chapter 6
Chapter 7
Chapter 8

AVVECO

TYLER

第三节 化妆品类包装

SALMA BEAUTY

Elizabeth Arden

heavenly BLOOM

Beauty RUSH

BARE BRONZE

Elizabeth Arden

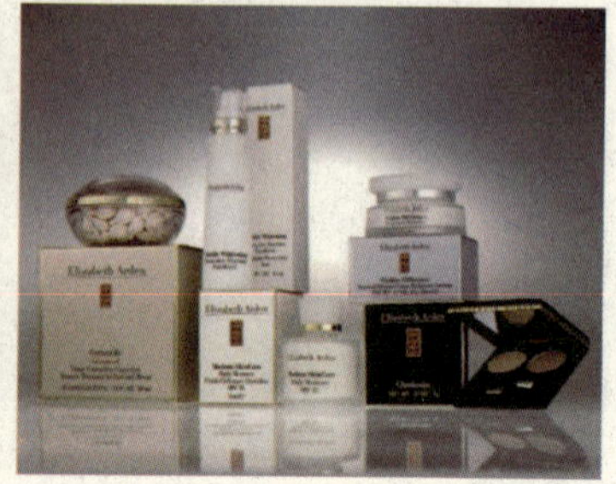

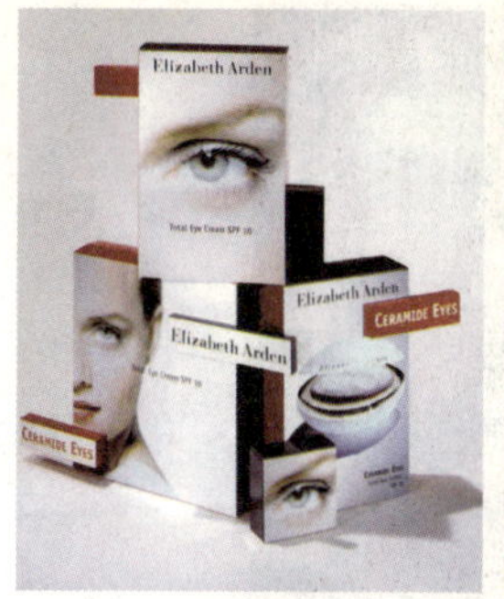
Elizabeth Arden
Elizabeth Arden
Elizabeth Arden
CERAMIDE EYES

Regrowth
Regrowth
fetish
rose

ULTA

ALDO

Regrowth

Clear
Clear
Clear
Clear
Clear
Clear

NARTA
HOMME
NARTA
HOMME
ControlMax

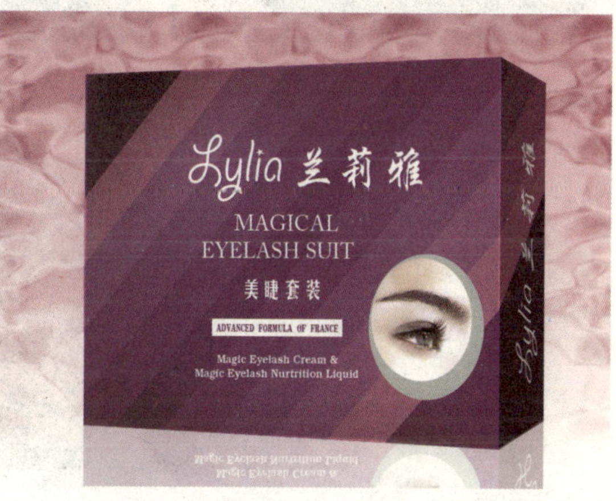
Lylia 兰莉雅
MAGICAL
EYELASH SUIT
美睫套装
ADVANCED FORMULA OF FRANCE
Magic Eyelash Cream &
Magic Eyelash Nutrition Liquid

SEVEN EIGHT SIX
POUR HOMME

SEPHORA

CARE SERIES
MOISTURIZING SPORTSOAP
CARE SERIES
CARE SERIES
MOISTURIZING SPORTSOAP

POWER
50 CENT
POWER

TOCCA
TOCCA
TOCCA
TOCCA

UNIPACK

essie shine-e
shine-e
polish refresher
.5 fl oz 15ml

Alford & Hoff

ESDAKE
NATURE SCIENCE

totally JUICY

전문미발
BODYSCRUB
美肌
浴盐

6
L'AMOUREUX
D&G

Sunflowers

ARMAND BASI
LOVELY BLOSSOM
ARMAND BASI
LOVELY BLOSSOM

going

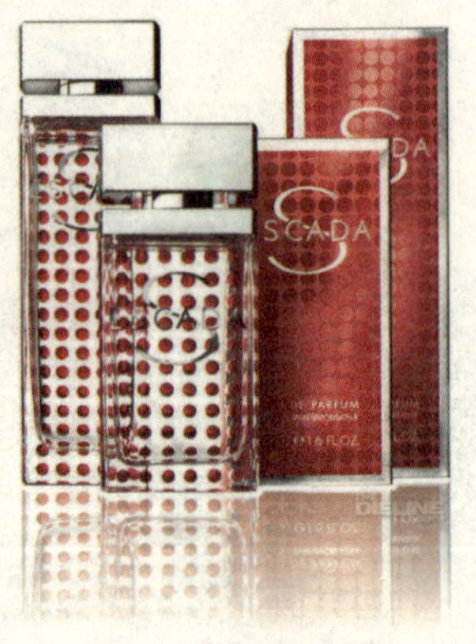
SCADA

MO-
NOGO-
TAS
FRE-
SA
MO-
NOGO-
TAS
MO-
RA
MO-
NOGO-
TAS
MAN-
ZANA
MO-
NOGO-
TAS
VAINI-
LLA
NAIL PAINT
POOL
PARTY

Chapter 1
Chapter 2
Chapter 3
Chapter 4
Chapter 5
Chapter 6
Chapter 7
Chapter 8

第四节
食品类包装

COFFEE

Clive's
Pot of
organic
Aduki Bean Stew
Thai Veggie Curry

Kre&Ko.
Medenjamci
175g

Kre&Ko.
Čokorece
175g

Kre&Ko.
Ooobli
90g

Kre&Ko.
Choco ZOO
90g

可比克
copico
玲珑角

Malee

Malee

100% GRAPES JUICE
Malee

100% APPLE JUICE
Malee

酸来多

品鲜居

Krc&Ko.
90g

Krc&Ko.
krekeri
SLANI
90g
Krc&Ko.
PIKANTNI
90g

Nestlé
Nesquik
¡AHORA!
Nesquik

Чудо

TOKO
КАРТОФЕЛЬНОЕ ПЮРЕ
ЯИЧНАЯ ЛАПША

珍珠
奶茶
Pearl tea
净含量：80克

纯脆
CHUN CUI

KETTLE
BAKES
Pita chips
Salt & Pepper
pretzel chips
Potato chips
Hickory Honey Barbeque

ТУНАЙЧА
КАЛЬМАР
АНЧОУС
КРЕВЕТКА

Krc&Ko.
PopCorn
CHEESE

JAY'S POTATO CHIPS
ORIGINAL
REMOVE THE LABEL & REUSE THE CONTAINER
WWW.JAYSCHIPS.COM

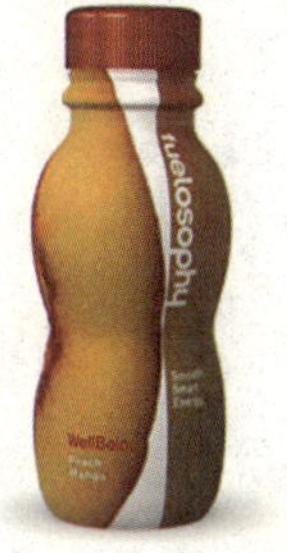

CARAMELS
CARAMELS

NATURE'S ENVY
ALL NATURAL
Original
Apple Chips

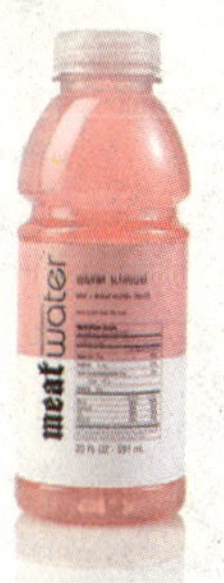
meat water

CARAMELS
CARAMELS
CARAMELS
CARAMEL POP

门牙大少
门牙大少
门牙大少

Tauzo
Tauzo

Classic
Шедевр

emily's
MARSHMALLOWS

喔喔
360
喔喔
360
喔喔
360

DANNON
FRUIT ON THE BOTTOM
Strawberry

中華傳統美食
灌湯
450克

meat water
cheese burger

柴鸡蛋
柴鸡蛋

Danimals
Danimals

鸡仔饼